福田 稔
FUKUDA MINORU

2040年
アパレルの未来

「**成長なき世界**」で創る、持続可能な**循環型・再生型**ビジネス

東洋経済新報社

はじめに

予想しえなかった「大きな変化」が世界を襲い、アパレル業界を劇的に変えていく

コロナ禍を経て起きた「大きな変化」

コロナ禍を経て、**衣服をECサイトで購入する機会はますます増えています。**

同時に、メルカリなどのフリマアプリやエアークローゼットなどのファッションサブスクを賢く利用し、**所有にこだわらず、流行と着回しを楽しむ層も拡大**しつづけています。

ミニマリストのように、そもそも衣服を最小限しかもたない人も増えました。

マス層では百貨店や雑誌の影響力は下がり、ネットや全国に点在するショッピングモー

ルのおかげで、ファッションの地域格差はほぼなくなりつつあります。他方で、ＳＮＳを通じて販売員やインフルエンサーが影響力をもち、熱量をもったコミュニティがたくさんつくられています。

ＳＨＥＩＮのような**デジタルファストファッションの浸透**により、いつでも、どこでも、安価にファッションを楽しめるようになった一方、**値上げをつづけるラグジュアリー**は庶民の手が届かなくなり、**ファッションの世界でも二極化が進行**しています。

「富裕層の消費」にも変化が見られる

富裕層にも変化が見られます。

資産を増やした富裕層の**ラグジュアリー消費は、ファッションだけでなく、アートや工芸などライフスタイル全般に拡大**。実際、百貨店の外商が扱う商品の幅は広がりつづけています。

また、サステナビリティ意識の高まりにともない、**エシカル（人や社会、地球環境に配慮した道徳的・倫理的に正しい消費行動）**ファッションを支持するハリウッドスターやセレブリティも、もはや珍しい存在ではなくなりました。

時代を映す鏡であるファッション。

いま、その潮目がまた変わりつつあります。

本書の前作となる『2030年アパレルの未来　日本企業が半分になる日』を執筆してから、約5年が経とうとしています。

冒頭で触れたような最近の変化は、前著で解説した内容とおおむね合致しています。

他方、**執筆から数年経ってみて、まったく予期できなかったことや、想定以上に変化が大きかった**こともあります。

とくに大きいのは、次の2つです。

想定外の2つの大きな変化

①コロナ禍、インフレなど、マクロ環境変化の影響

②温暖化による気候変動の加速化・深刻化

コロナ禍やインフレによって、アパレル業界はどう変わったのか

まず、マクロ環境変化ですが、執筆当時まったく見通せていなかった出来事として、**新型コロナウイルス感染症の世界的な流行**と、**ロシアによるウクライナ侵攻**があります。

前者は世界的な貨幣供給量の拡大と資産の高騰、そして後者は世界的なインフレの一因

となりました。

保有資産が増加した富裕層はインフレの影響を受けず、むしろ消費意欲を拡大していま す。一方、**インフレの影響が大きい低～中所得者層では、消費意欲が減退**しています。

たとえばアメリカでは、所得が下位５分の１の世帯にとってのインフレ率は、上位５分の１の層にとっての率より２割高かった（２０２２年）との指摘がゴールドマン・サックスよりされています。

企業業績を見ても、ＬＶＭＨ（モエ ヘネシー・ルイ ヴィトン）やエルメスなどのラグジュアリー企業が好調を維持する一方、低・中価格帯では企業によって明暗が分かれています。とくに、**二極化が進む中で中価格帯に位置する消費財分野は、アパレルに限らず苦戦する企業が増えています**。

一般的な生活者は、インフレと先の見通せない経済情勢、そして後述するサステナビリティ意識の高まりもともない、**アパレルなど不要不急の消費財に対する支出を抑えはじめています**。

このようなマクロ環境変化は、アパレル市場に大きく３つの変化をもたらしました。

３つの変化については第１章で詳しく解説しますが、ここでも簡単に紹介します。

変化❶「多くつくり、多く売る」という時代の終焉

2022年から2023年にかけてアメリカでは、アパレル・靴市場の規模が実質ベースで約53・6兆円から約53・2兆円に減少しました（出所：ユーロモニター）。名目ベースでは一見伸びているのですが、インフレの影響を除いた実質ベースでは、コロナ禍の影響で減少した2020年を除けば、**リーマンショック以降はじめての減少となりました**。

また、同じくユーロモニターによる2023年から2027年までの市場成長率予測を実質ベースで見ると、ほとんどの国でアパレル市場は低成長となっています。

日本、フランス、イタリアのような一部の先進国では、市場のマイナス成長も予測されており、**アパレルに対する消費意欲の減退は顕著**です。

変化❷「中古品市場」の世界的な拡大

CtoCアプリの浸透とインフレによる新品の値上げ、そして中古品の利用がサステナブルな消費であるという認識が広まったことで、**世界的に中古衣料品市場が伸びています**。

実際、グローバルの中古衣料品市場は、２０２１年から２０２７年にかけて年間約17%の成長が見込まれており、二次流通市場に参入するアパレル企業があとを絶ちません。

変化❸ 健やかに生きる「ウェルネス関連市場」の拡大

コロナ禍は、さまざまな不自由・不便をもたらしました。

一方で、人々の幸福度は上昇したというデータがあります。

とくに日本では、職場中心から個人や家族の価値観重視のライフスタイルへとシフトし、仕事以外に使える時間が拡大。結果、**アウトドアやスポーツといったウェルネス関連市場が成長**しています。

コロナ禍やインフレなどさまざまなマクロ環境変化を経て、生活者のアパレルに対する消費行動は大きく変わり、市場に**構造変化**が生じています。

アパレルによる「地球環境への影響」は、看過できないレベルに

そして、想定外に変化が大きかった2つめの問題は、**気候変動問題の悪化スピード**です。

気温上昇や自然災害など、私たちも肌で感じているように、気候変動は地球規模の大問

題です。

近年、ＩＰＣＣ（気候変動に関する政府間パネル）の報告書では、毎年気候変動問題に対する警鐘が強まる一方です。

２０１５年に定められた温暖化対策の国際的枠組みであるパリ協定では、産業革命前と比べて世界の気温上昇を１・５度以内に抑えるのを努力目標としました。

しかし、２０２１年のＩＰＣＣの報告書によると、２０２１～40年には同水準に達してしまうとの指摘。**前著を執筆していた２０１８年時点での想定より、気温上昇のスピードが10年以上速まっています**。

これを受け、世界では官民あわせて脱炭素に向けた取り組みが加速化しています。

グローバルではアパレル業界も同様です。

２０１９年には、国連と連携団体が**「持続可能なファッションのための国連アライアンス」**という組織を立ち上げました。

その中で温室効果ガスの排出量に関して**「全産業のうち8～10％はアパレル業界が占めている」**というレポートが公表されました。

これは自動車産業による温室効果ガスの排出量とほぼ同じであり、気候変動に対して大きなインパクトがあります。

第2章で詳しく掘り下げますが、ここまで温室効果ガスの排出量が増えてしまった理由は、**グローバルで増えつづける生産量**に起因しています。

欧州を中心に進む「脱・ファストファッション」の動き

このような業界の課題を解決すべく、２０２２年3月、ＥＵでは、**「持続可能な循環型社会に向けたＥＵテキスタイル戦略」**が発表されました。

その中で２０３０年までに大量生産をともなうファストファッションから脱却し、業界全体がサステナブルファッションへ移行することが示されました。

原文をそのまま記すと**「Fast Fashion is Out of Fashion」（ファストファッションは、時代遅れ）**。

このようなストレートなメッセージが、ファストファッションの生みの親である欧州から出てきたことは象徴的です。

もちろん、ファストファッションには**ファッションを「大衆化」**したという意味でプラスの側面もあります。

昔は高価なデザイナーズブランドでしか楽しめなかったトレンドや最新のデザインを誰でも手軽に楽しめるようにしたという点で、ファストファッションは画期的だったといえます。

一方で、その規模、生産量の大きさから環境負荷も大きく、サステナブルではないことも近年わかってきました。

CO_2の問題に限らず、水資源の使いすぎやマイクロプラスチックごみの問題、生産現場の人権問題など、サプライチェーンのさまざまな観点から問題が指摘されています。

本書で詳しく解説しますが、いまグローバルでは**欧州を中心にファストファッションを規制するためのさまざまな枠組みや制度**が検討されています。

このような**気候変動問題を起因とする業界全体の変革は、中長期的に劇的に進んでいく**でしょう。

ファッションは「未来の人間社会」を占う

本書では、以上のような前作では十分にカバーしきれなかった直近の変化・潮流を再整理し、改めて中長期的な業界の変化を考察します。

加えて、**サーキュラーエコノミー、メタバース、生成AI、トレーサビリティ**など、業界が対峙すべき重要トピックを解説します。

そして、業界全体がビジネスと環境負荷低減を両立していくために必要な対策を検討し、その先にある未来について仮説を提示します。

また、タイトルに「2040年」と記したように、**より長期の時間軸で必要となる戦略やイノベーションを検討したい**と思います。

なぜなら、気候変動対策やメタバースの普及などのトピックについては、必要な技術革新に時間を要するため長期の時間軸でとらえるべきだからです。

新スタイル「クワイエット・ラグジュアリー（静かなるラグジュアリー）」とは？

「衣・食・住」という言葉があるように、ファッションは**人々の生活を支える**ものであると同時に、**時代を先取りして世の中に発信する**という特性を備えています。

とくにラグジュアリーなどハイエンドのファッションにおいては、**「モード」**という言葉に象徴されるように、時代の先端・趨勢・空気感を、衣服を通じたクリエイティブで表現することが、ファッションの存在意義にもなっています。

たとえば、いまラグジュアリー業界では、**「クワイエット・ラグジュアリー（静かなるラグジュアリー）」**という、華美なデザインやロゴなどによる主張を避け、抑制のきいたシンプルなデザインと上質な素材を組み合わせた品のあるスタイルがトレンドになりつつあります。

紛争や気候変動を起因とする天災が暗い影を落とす世の中で、**ブランドロゴを主張するような見栄や虚栄心は時代遅れ。世間に配慮した良識のあるパーソナルな贅沢が、時代に合った持続可能なラグジュアリー**というわけです。

このようにファッションには、**一歩先の人間社会を占う機能**が備わっています。

また、先ほど衣服生産による温室効果ガスの排出量について触れましたが、この問題は「衣」にとどまらず、「食」や「住」についても同様です。

現代人の肉食中心の食生活を支える畜産業から出る温室効果ガスの量は膨大です。

衣料品のつくりすぎと同様に、「食」はフードロスの問題を抱えています。

「住」においても、セメントの製造や住まいにおけるガスや電気の使用を通じて大量のエネルギーが消費され、たくさんの温室効果ガスが排出されています。

我々現代人は、**衣食住全体のライフスタイルそのものと、それらを支える企業のビジネスを見直さなくてはならないタイミング**に直面しているといえるでしょう。

ブルネロ クチネリの2023–24年秋冬コレクション。セーター、ブルゾン、スカートのリラックスかつ上質、抑制の効いた装いは、まさにクワイエット・ラグジュアリーといえる
出所：Brunello Cucinelli Japan

2040年に向けて、生活者と企業はどう変化していけるのか？

ハーバード大学教授で名著『**資本主義の再構築**』の著者レベッカ・ヘンダーソンは、次のように述べています。

> 結局のところ、資本主義を再構築するうえでの中心的課題は、企業のパワーを制限することでしか対応できない。

昨今のファッション業界における、猫も杓子もサステナビリティという流れは、そんな時代の潮流を反映したものと、とらえることができるでしょう。

本書は、アパレルという題材を切り口に、生活者および消費財企業が中長期的にどのような変化を迫られるのか、そしてどのようにビジネスモデルを変革すべきか検討していきます。

アパレル業界に限らず、消費財やライフスタイル領域全般に関わるみなさまに、少なからずの示唆をお届けできれば幸いです。

［目次］

2040年アパレルの未来

「成長なき世界」で創る、持続可能な循環型・再生型ビジネス

第5章 日本のアパレル／ライフスタイル領域の企業は、いま何をすべきか

第1章

世界のアパレル市場を激変させたあまりに大きな「3つの変化」

変わりゆく世界は人々の「服を買う」という意識も変えた

コロナ禍、インフレ……、マクロ環境変化がアパレル市場にもたらした「3つの変化」

過去5年間、コロナ禍やインフレといった変化を受け、世界のアパレル市場は激変しました。

貨幣供給量の急増、未曾有のインフレ、コロナ禍による外出自粛、リモートワークの浸透、温暖化にともなう災害など、**短期間でインパクトの大きいイベントが立てつづけに起こった**ことで、**生活者の行動が急速に変化**した印象です。

結果として、アパレル市場においては次の3つの変化をもたらしました。

①「多くつくり、多く売る」という時代の終焉
②「中古品市場」の世界的な拡大
③健やかに生きる「ウェルネス関連市場」の拡大

実際にどのような変化が見られるのか、データを示しながら説明していきましょう。

変化 1

「多くつくり、多く売る」という時代の終焉

——成熟期を迎えたアパレル市場は、停滞期へと向かう

前作を執筆していた２０１８年当時、世界のアパレル市場の年平均成長率は２０１８年から２０２２年までの5年間、実質ベース（インフレ等による物価変動分を除いた数値）で約３・５％と予測されていました。

当時、世界の経済成長は緩やかになったとはいえ、依然としてグローバリゼーションによる成長は見込まれており、アパレル業界でも人口増や経済成長による成長が期待されていました。

ところが、**コロナ禍や後述するインフレを経て、足もとの成長率予測は大きく下方修正**されています。

ユーロモニターによる２０２３年から２０２７年までの5年間の年平均成長率は、グローバルで約２・３％（実質ベース）となっています。

しかしながら、この数値はスタートの２０２３年がコロナ禍とインフレの影響により低くなっていることを加味しなくてはなりません。

本来の実力値を測るには、コロナ禍前の数値との比較が必要です。

図表1　世界のアパレル市場規模推移（実質ベース）［兆円］

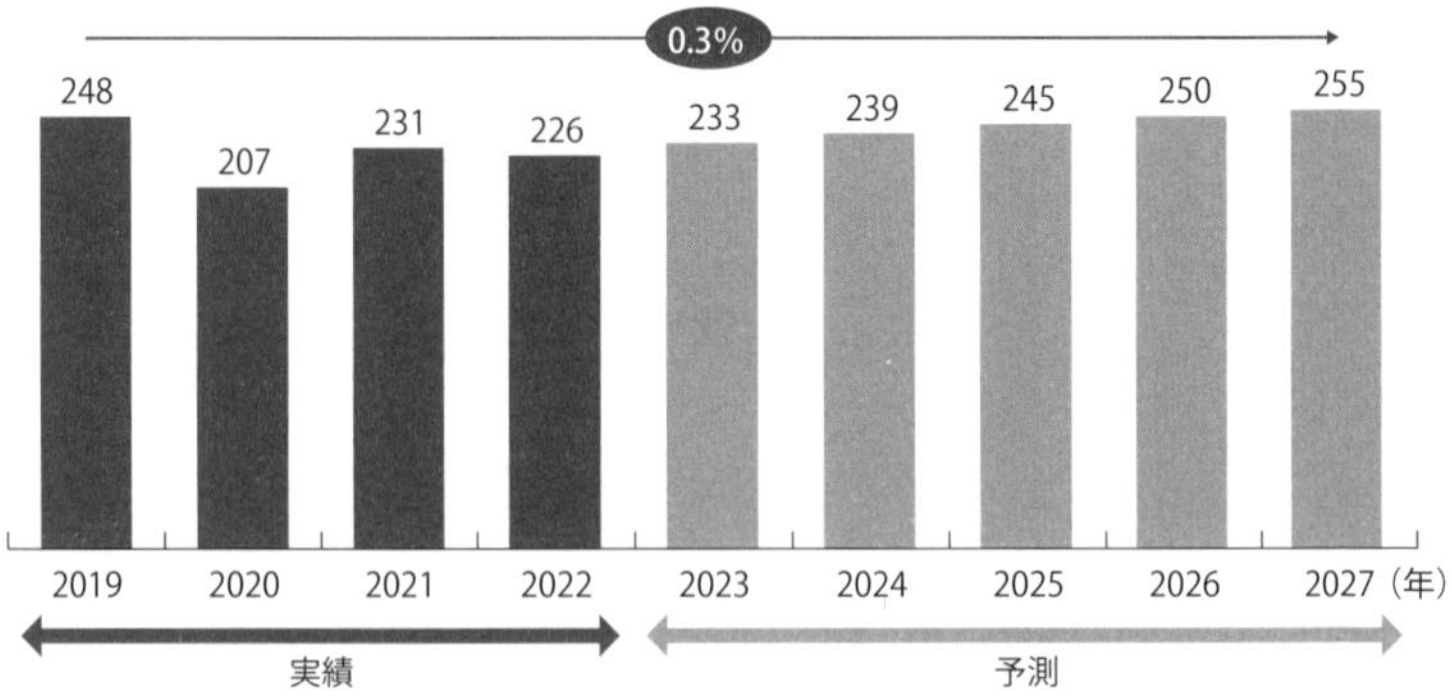

1）数値は世界の衣料品及び靴の市場合計　2）為替は2022年のドル円相場平均から計算
出所：Euromonitor

　コロナ禍前の２０１９年と２０２７年の市場規模を比較してみましょう。図表1に示すとおり、実額で見ると、グローバルのアパレル市場は２０１９年の約２４８兆円が、２０２７年には約２５５兆円になるとされています。**年平均成長率に換算すると、わずか０・３%**。

　市場は２０２６年にはコロナ禍前水準に回復するというポジティブな見方もできますが、全体感としては、**グローバルで見ても市場成長はほぼ期待できず、横ばい状態に落ち着きつつある**と見たほうが妥当です。

「インフレ」という追撃がアパレル業界を襲う

このグラフから、もう一点興味深い動きが見てとれます。

それは、**２０２１年から２０２２年にかけての減少**です。

２０２０年、新型コロナウイルス感染症の世界的な流行にともない、アパレル市場は大きな打撃を受けました。

２０１９年から２０２０年にかけ市場は約17％減少し、市場規模は一時的に約２０７兆円にまで落ち込みましたが、翌年にはリベンジ消費をともない急回復。２０２１年の市場規模は約２３１兆円と、コロナ禍前の約93％にまで回復します。

ところが、翌年の２０２２年には約２２６兆円と、再び減少トレンドとなっています。

この背景には、**２０２１年から２０２２年にかけグローバルを襲ったインフレ**があります。

本書は経済学の本ではないので詳述はしませんが、今回のインフレは専門家の間でも対策の意見が割れるほど、複雑で難しいものとなっています。

需要側と供給側双方に原因があり、とりわけ２０２２年2月のウクライナ侵攻以降のエネルギー価格の高騰やグローバルサプライチェーンの寸断による供給制約は、インフレを加速化させました。

実際、ＩＭＦ（国際通貨基金）によると**世界のインフレ率は２０２１年の約４・７％から２０２２年には約８・８％に高騰**し、人々の生活を圧迫したことは、日本でも記憶に新しいでしょう。

二極化の進行で不要不急の衣服は買われなくなり、値上げもしにくい

コロナ禍対応での大規模金融緩和、そしてこの世界的なインフレと度重なる利上げは、**生活者の二極化を促進**しました。

すなわち、金融緩和での余剰マネーの行き先となる資産を保有していた富裕層には、**インフレによるマイナスを相殺**してポジティブに作用しました。

一方、資産をあまりもたない層では、物価高騰の影響が賃金の上昇を上回り、**可処分所得の減少**という形でネガティブに働きました。

実際、貧困の撲滅を目指すＮＧＯ団体オックスファムの報告書によれば、**２０２０年以降、世界の最も豊かな１％の人たちが得た富は、そのほかの９９％の人たちが得た富の２倍もある**と指摘されています。

フランスの経済学者トマ・ピケティは、名著『**21世紀の資本**』において、「r＞g」、すなわち資本収益率を示す「r」は、経済成長率である「g」を常に上回ってきたことを説明し、**資本主義の富の不均衡は放置しておいても解決できずに格差は広がる**ことを指摘しました。

コロナパンデミック以降の世界は、まさに**ピケティの指摘を短期間で顕在化させており、富の不均衡に拍車をかけた**といえるでしょう。

リーマンショック以降、初のマイナス成長となった2022年

さて、このような流れの中で、2022年グローバルのアパレル市場は前年比でマイナス成長となりました。

インフレの影響を深掘りすると、アパレル市場への影響要因は、次の2つに分けることができます。

要因①　生活者による「不要不急の商材」の買い控え

エネルギーや日用品など生活必需品の値上げがつづく中、**アパレルのような不要不急の商材に対する生活者の支出が下がる**ことです。

とくに、この傾向はインフレの影響が大きい低～中所得者層*で顕著です。

図表2　アメリカにおける値上げの業界別比較

US Consumer Price Indexの比較（2013年〜2022年）

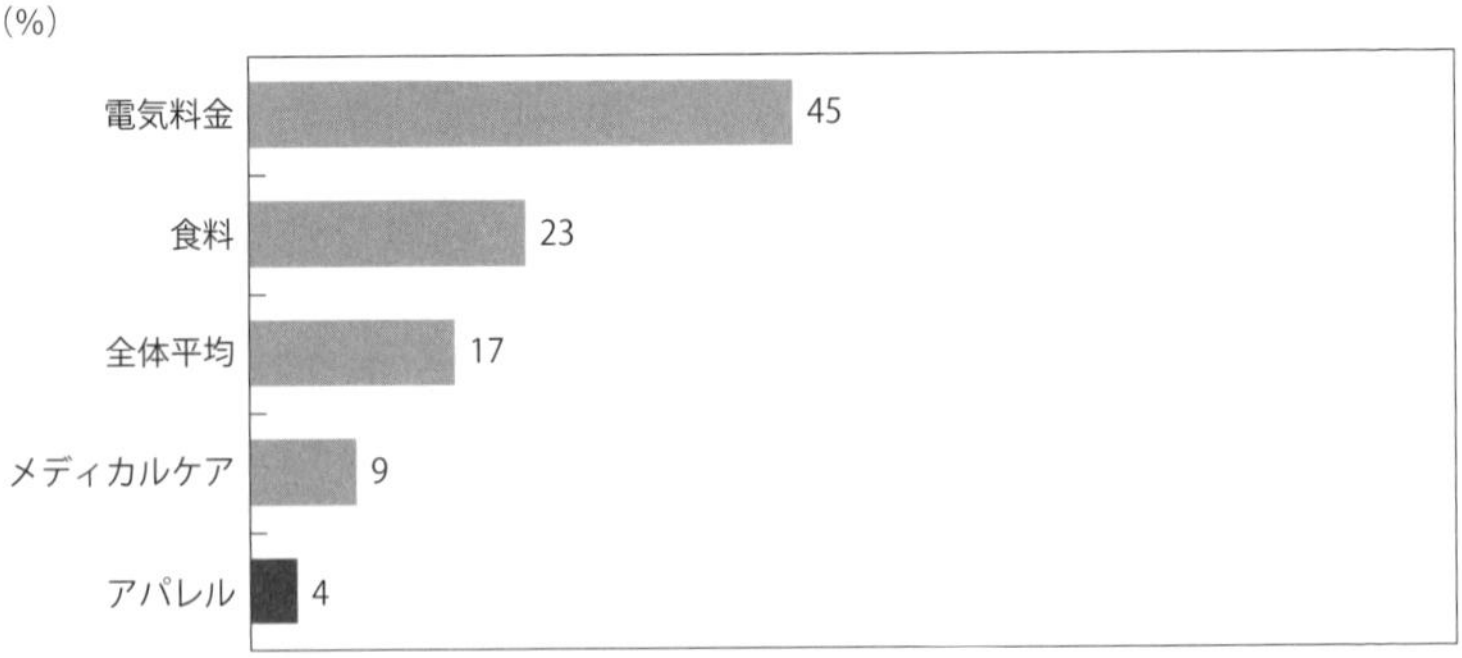

出所：Bureau of Labor Statisticsの資料をもとにA.T.カーニー分析

ニューヨーク連邦準備銀行が２０２３年１月に発表した所得階層別のインフレ影響調査によれば、食費と住居費の割合が大きい低所得者層のインフレ影響は、平均よりも０・３ポイント高く、最もインフレの影響を受けています。

また、輸送関連支出のシェアが大きい中所得者層も、ガソリン高騰の影響を強く受けています。

要因②　価格転嫁のしにくさ

インフレにともなう値上げが業界横断的に行われている中で、**アパレル業界は相対的に見て価格転嫁ができていない**という現実があります。

図表２は、アメリカにおけるさまざまな業界の値上げ状況を比較したグラ

フです。

過去10年で、**電気は約45%、食料品は約23%値上がり**したことがわかります。

一方で、**アパレルは約４%しか値上げ**できていません。

この背景としては、**不要不急の商材**であるがゆえに、企業が消費者の買い控えを恐れ、値上げをしにくいことがあります。

また、**ブランド力の高いマーケットリーダーは値上げができる一方、ブランド力の低いプレーヤーは価格転嫁しにくい**という厳しい現実もあります。

実際、アメリカでは、ギャップ、ユニクロ、アメリカンイーグルといったマスブランドのトップ企業が、２０２１年から２０２２年にかけて約10%の値上げを行いました。

日本でも、２０２２年の後半からブランド力のある大手アパレル企業を中心に値上げが行われましたが、アメリカ同様、思い切った値上げができない中小プレーヤーはたくさんいます。


このように、**全体としては生活者の買い控えによる量の減少を、値上げ（単価）によって埋めることができず**、２０２２年はグローバル全体で前年比マイナス成長という結果に

＊低所得者層：年収が約５万ドル未満、中所得者層：約５万ドル～15万ドル、高所得者層：約15万ドル以上。

なりました。

国別で見ると、**市場が相対的に大きいアメリカと中国でマイナス成長となったことが大きな要因**です。

アメリカ、中国でも止まりつつある市場成長

ここからは、国別にもう少し詳しく見ていきましょう。

図表3は、アメリカ、中国、日本におけるアパレル・靴市場の市場規模予測（実質ベース）です。

コロナ禍以前のアメリカ、中国のアパレル市場は、ともに3％以上の年平均成長が実質ベースで期待されており、両国合わせて世界の約40％のシェアをもつ成長ドライバーでした。

ところが、**足もとの予測ではコロナ禍以前の2019年と比較して、長期の年平均成長率はアメリカ0・5％、中国0・3％と、ほぼ横ばいの予測**に変わりました。

両国とも、かろうじて2026年にコロナ禍前を上回る予測となっていますが、インフレの長期化や後述するサステナビリティの影響にともなう人々の変化を踏まえると、それも難しいのではと筆者は感じています。

今後の情勢によっては、**アメリカは2021年、中国は2019年をピークに実質ベー**

図表3　主要国のアパレル市場規模推移（実質ベース）［兆円］

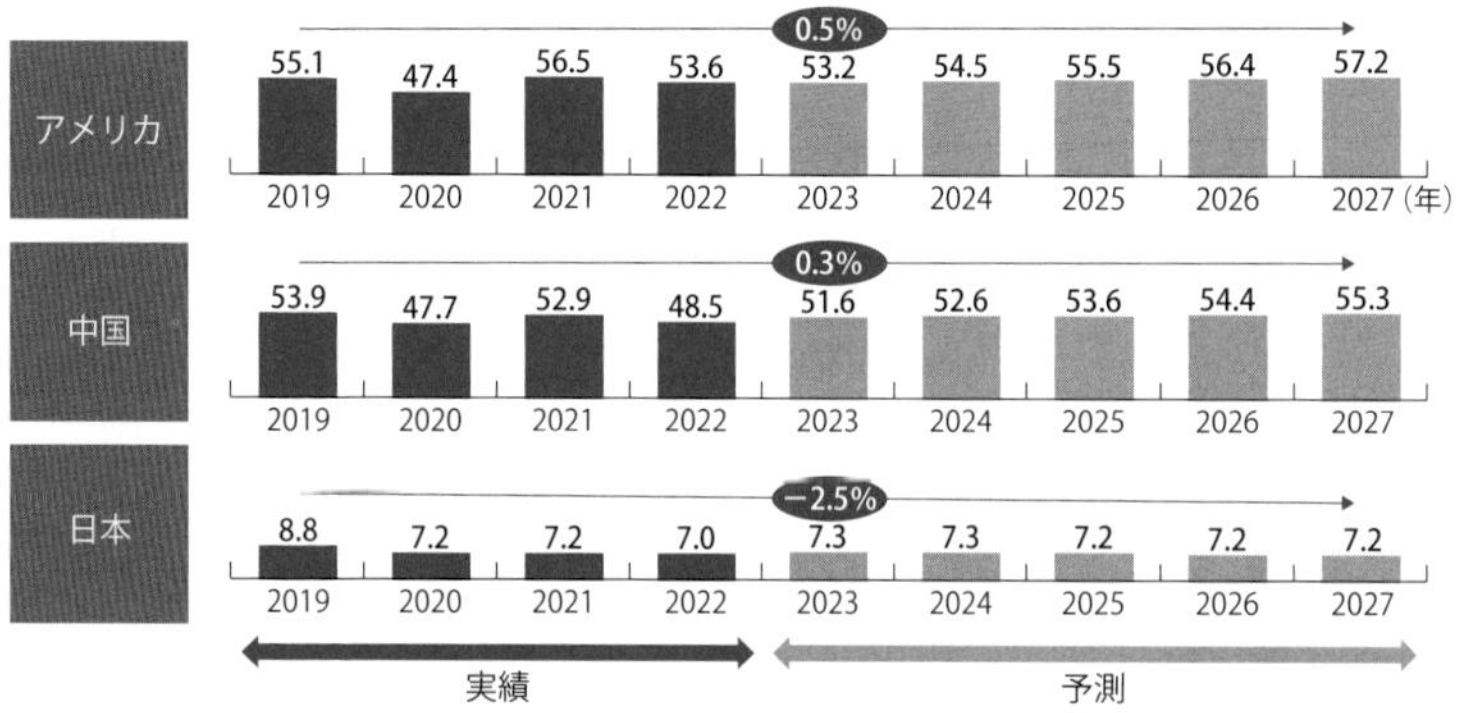

1）数値は世界の衣料品及び靴の市場合計　2）為替は2022年のドル円相場平均から計算
出所：Euromonitor

スでマイナス成長に入った可能性もあると見ています。

日本の状況はさらに深刻

日本の状況はさらに深刻です。日本のアパレル市場はコロナ以前から長期減少トレンドにあり、バブル期の約15兆円をピークに、2019年には約9兆円にまで減少しつづけてきました。

その後、ほかの先進国と異なり、2021年のリベンジ消費もほぼなく、2022年はインフレの影響で微減し、その後、やや回復したあとに再び減少というトレンドが予測されています。

前著の『2030年アパレルの未来　日本企業が半分になる日』にて、

２０３０年に国内市場は７兆円を割り込む可能性があると指摘しましたが、それが**現実味を帯びてきている**といえそうです。

なお、ほかの先進国では、**フランス、イタリア、イギリス**が日本と同様に、実質ベースでマイナス成長に入りました。

２０１９年から２０２７年の年平均成長率は、フランスでマイナス２・１％、イタリアでマイナス１・９％、イギリスでマイナス０・７％となっています。

ここ数年のマクロ環境変化を経て、**先進国のアパレル市場は完全に成熟市場となり、一部では衰退期に入った**と見てよいでしょう。

成長余地を残す「ラグジュアリー」と停滞する「マスアパレル」

さて、ここまでは市場全体のトレンドを見てきましたが、今度は価格帯別に分析してみましょう。

先ほど、大規模金融緩和とインフレが生活者の二極化、富の偏在化を促進したと指摘しましたが、アパレル市場にもその傾向は表れています。

図表４は、図表１で示したアパレル・靴のグローバル市場を、価格帯でラグジュアリーとマスに分解したものです。

図表4　世界のアパレル市場価格帯別推移（実質ベース）［兆円］

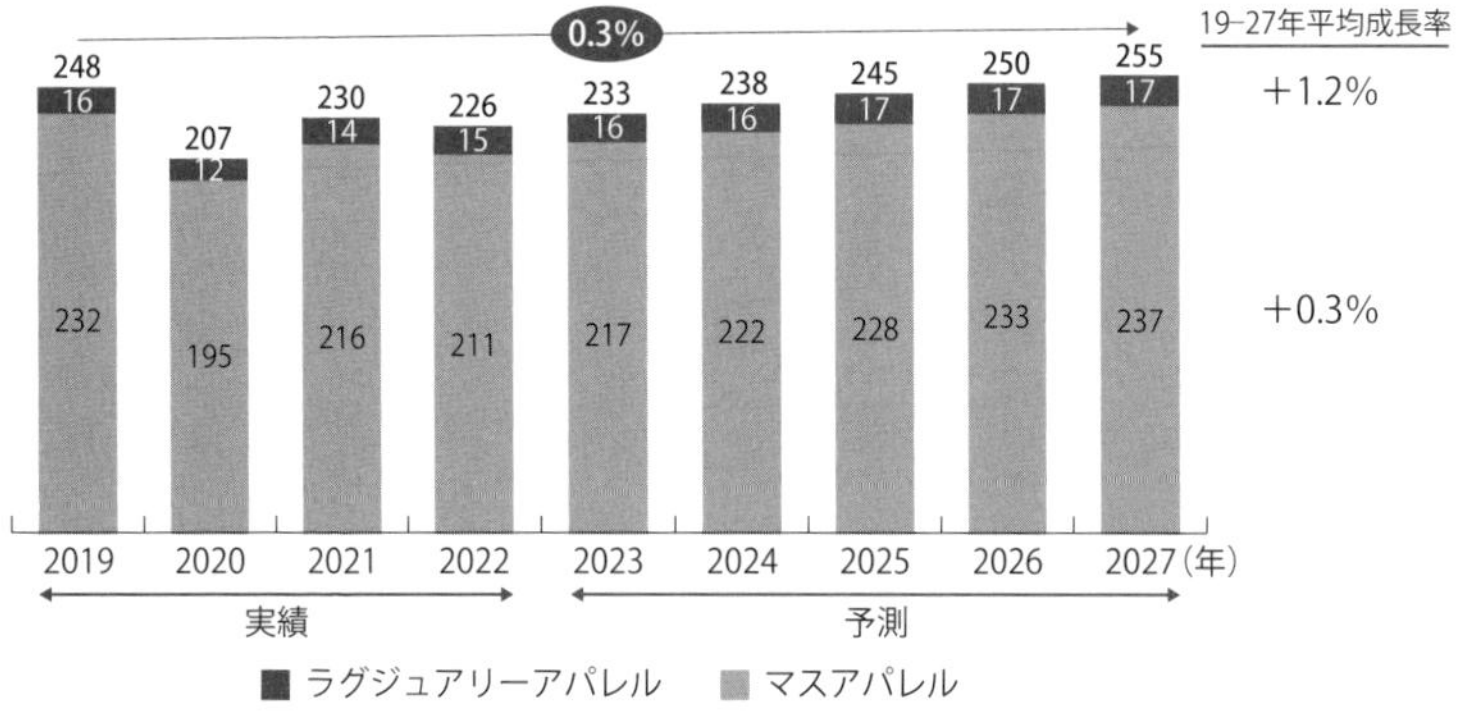

1）数値は世界の衣料品及び靴の市場合計　2）為替は2022年のドル円相場平均から計算
出所：Euromonitor

これを見ると、**マスアパレルがほぼ横ばい**なのに対し、**富裕層が買い支えているラグジュアリーアパレルは、年平均成長率1・2%と成長余力**があります。

国別で見ると、中国の成長力が顕著で、2019〜2027年のラグジュアリーアパレル市場の年平均成長率は12・2%。実数では2019年の約9700億円から2027年には約2・4兆円に拡大する見込みです。

この背景には、コロナ禍によって中国人旅行客による海外でのラグジュアリー消費が国内に還元され、海南島など新しいラグジュアリー消費地が中国国内で伸びていることや、中国人富裕層の旺盛な消費意欲があります。

このように市場の成長余地が残されているラグジュアリー市場ですが、**企業の業績も好調**です。

ＬＶＭＨ、ケリング、エルメスの3社は、インフレで多くのアパレル・消費財企業が苦しんだ２０２２年度に、売上高、当期純利益双方で2桁成長を達成しました。

２０２２年は中国でまだゼロコロナ政策の影響があったため、中国の回復が期待される２０２３年以降は、よりいっそうの成長が予想されます。

なお、ラグジュアリーブランドの顧客の多くは富裕層であり、値上げの受容余地があります。

ラグジュアリー企業が売上を伸ばしている背景には、**値上げによるプライシング戦略の巧拙が影響している**こともあります。

このように、アパレル市場をグローバルで俯瞰すると、ラグジュアリーには成長余地があるものの、全体としては成長がほぼ止まったことがわかります。

もちろん、人口が伸びるアジアの一部や中東などに成長市場は残っています。

ただし、後述するサステナビリティの問題も含め、**「量」の拡大による成長の時代はグローバルで終わりを告げた**と考えるべきでしょう。

変化 2

「中古品市場」の世界的な拡大

——「フリマアプリ」の隆盛が、リユース品にポジティブな生活者を後押し

インフレによる新品価格の高騰やサステナビリティ機運の拡大にともない、**世界的にさまざまな中古品の二次流通市場が活性化**しています。

衣料品はその代表格です。

実際に、どの程度伸びているのか見てみましょう。

新品の代わりに伸びる「中古衣料品」

新品市場が伸び悩む一方で、周辺市場を見ると2桁の成長率で急速に伸びている領域があります。

それが**中古衣料品の二次流通市場**です。

図表5は、グローバルにおける中古衣料品の小売ベースの市場規模です。

２０２１年に20兆円規模だった市場は、２０２５年には40兆円を超えると予測。実に**年**

図表5　グローバルのアパレルリユース市場規模［兆円］

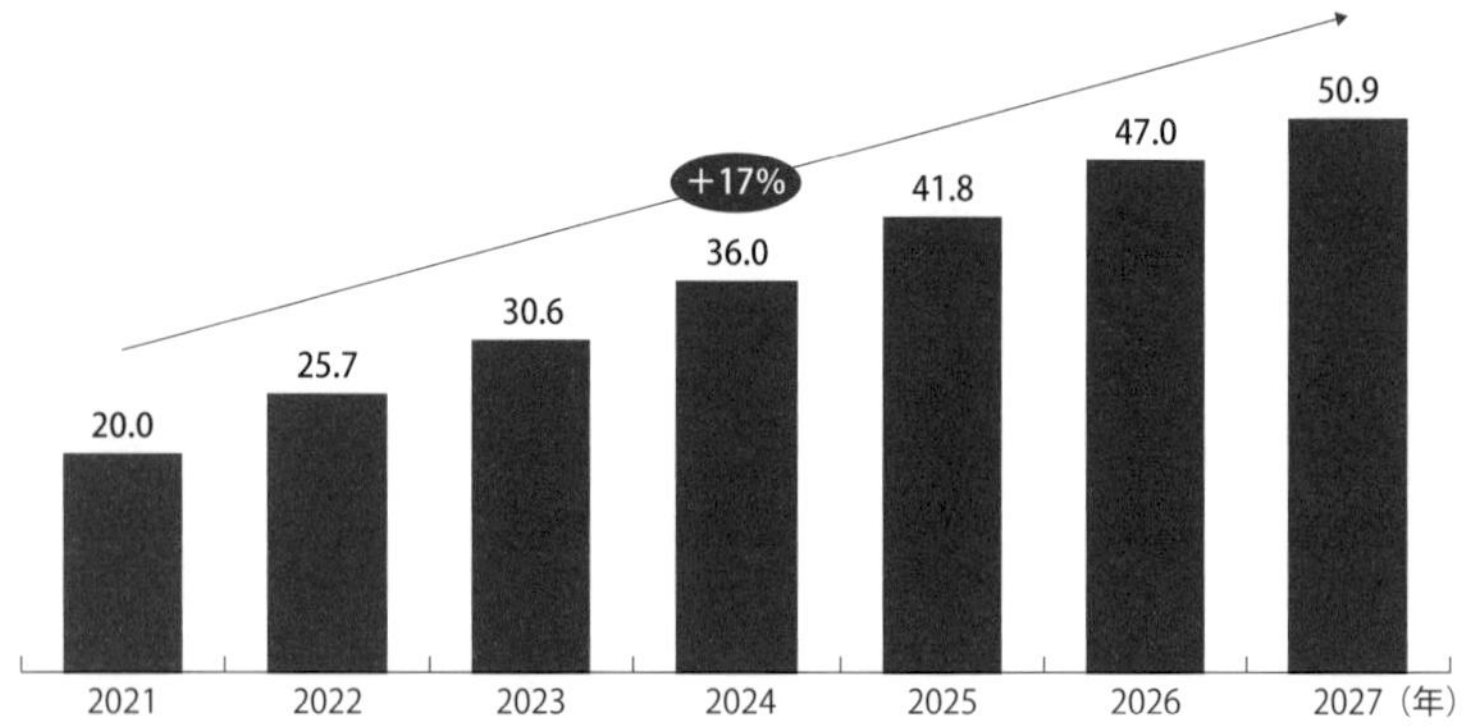

1）1ドル145円ベースで換算した数値　2）古着の生地や原形は残しつつも、新たな商品につくり直して再販する「リメイク」「アップサイクル」も含む
出所：thredUP

平均成長率17％という驚異的なスピードで成長をつづけています。

このままいくと2027年には約50兆円となり、**新品市場約25兆円の約5分の1の中古市場が形成される見込み**です。

なぜ、アパレルリユース市場はここまで伸びているのでしょうか。

理由は主に次の3つです。

理由①　フリマアプリなどC to Cの拡大

第1に、フリマアプリやリコマースの浸透にともなう、**C to C市場の拡大**があります。

リユース市場には、生活者が直接的・間接的にやりとりするC to Cと、間にリユース事業者が品物を買取して媒介するC to B to C／Bという、大きな2つの商流があります。

市場としては両方伸びていますが、**前者の伸びが後者を上回っており**、この傾向は**アメリカ、欧州、日本でも同様**です。

日本のメルカリのように、アメリカでは**thredUP、Poshmark、OfferUp**、欧州では**Vinted**が普及するなど、各地で**生活者の行動様式にC to Cプラットフォームが浸透したこと**が、市場拡大の大きな要因です。

なお、アメリカでアパレルリユース市場の成長を牽引しているthredUPは、ユーザーが衣料品をthredUPに送り、thredUPが画像をECサイトにアップロードし販売するので、ユーザーが投稿から取引・発送まで行うメルカリとは異なります。

ただし、販売方式はあくまでユーザーによる委託販売であり、thredUPは買取・仕入れをしないので、C to Cのリセールサイトに分類されます。

理由② リユース品に対するポジティブな意識

リユース市場成長の第2の理由は、**リユース品に対する生活者の意識変容**です。

thredUPの調査によれば、2022年のアメリカでは、約52%の消費者がリユース品を購入し、彼らにおいては購入したアパレル製品の約3分の1がリユース品だということです。

積極的にリユース品を購入する理由としては、リユース品を購入することが**サステナブルな消費行動**であること、とくに**カーボンフットプリント**（商品の原材料調達から廃棄・リサイクルに至るまでのライフサイクル全体で排出される温室効果ガスの排出量をCO_2換算したもの）を減らせることがあげられています。

同調査によれば、Z世代、ミレニアル世代の約63%、生活者全体の約55%がそのように回答しています。

欧州でも、**リユース品の購入がサステナブルな消費行動であること**は広く認知され、市場の拡大につながっています。

なお、２０２１年から２０２２年にかけては、前述したインフレによる新品の値上げにより、リユース品の需要が高まっているという現実も見過ごせません。

理由③　企業側も中古品市場に参入

リユース市場拡大の最後の理由は、**企業側の二次流通市場への積極参入・拡大**です。

２０２２年、ザラはイギリスで自社の中古品を生活者がウェブサイトやアプリを通じて売買できるPre-ownedというサービスを開始しました。

サービスは基本的にC to Cで、出品アイテムに買い手がつくと購入者情報が売り手に伝えられ、売り手は製品を発送します。

また、買い手はウェブサイトやザラの店頭で、購入製品の修理を依頼することもできます。２０２３年には、フランスでも同サービスを開始しました。

詳しくは後述しますが、いま欧州ではアパレル業界に対する規制が強化されており、メーカー、ブランド側は**自社製品の販売後のプロセス**、すなわちリユース・リメイク・リサイクルといった工程にまで責任をもつよう当局に促されています。

結果として、**多くのブランドがリセールプログラムを自社ではじめ、一部では二次流通業者を買収する**など、動きが活発化しています。

この流れはアメリカでも同様で、パタゴニア、ルルレモン、リーバイスなど上位20ブランドの約３割が、自社でリセールプログラムを展開しています。

ウォルマートも前述のthredUPと業務提携して、自社のＥＣサイト内でthredUPの中古衣料品を販売しています。

日本でも２０２３年10月アパレル大手のアダストリアが、グループの販売員が出品者となるネットフリマサービス「ドットシィ」を開始しました。一般的なフリマアプリでは売り手の顔は見えませんが、ドットシィでは販売員によるスタイリング投稿コンテンツと連携しており、売り手となる販売員のテイストや体形を確認して購入することができるのが特徴です。

アダストリアでは、将来的にお客様も出品者として参加できるサービスにしたいとしており、今後新しい二次流通のプラットフォームになる可能性を秘めています。

このようにアパレル企業によるリユース市場への参入は世界的な動きとなっており、市場拡大の一因となっています。

かつてない活況を呈するブランド品のリユース市場

また、ブランド品のリセールビジネスに関しては、別の要因が市場を活性化させています。

それは、ラグジュアリーを中心とした**高級ブランドの値上げと買取価格の高騰**です。コロナ禍とインフレの中、多くのラグジュアリーブランドは値上げを行いました。結果、市場では良質な中古品のニーズが生じ、相場が上昇しています。

とくに、日本はもともと良質の中古品市場が形成されていたところに為替が円安に振れたため、海外の買取業者も集まって大変な活況です。

実際、ブランドのリセールビジネスを展開するコメ兵ホールディングスなどの日本企業は、好業績がつづいています。

また、パテック フィリップやロレックスなどの高級時計には、転売益を狙う投機的なマネーも流入し、一部のモデルでは中古品の価格が新品価格を上回る逆転現象まで起こっています。

このように、**リユース市場ではサステナビリティとビジネスチャンスが交錯して、グローバルでかつてない活況**を呈しています。

実際、生活者が衣服をどのように買っているか、販路別に推計を行うと、新品も合わせた衣服市場における中古衣料品のシェアは、２０２２年にアメリカで約９％、日本でも約７％にまで高まってきています。

生活者は服を買わなくなっているのではなく、買い方を賢く変えて新品と中古品をミックスさせるようになってきていることがわかるでしょう。

変化３

健やかに生きる「ウェルネス関連市場」の拡大

――心身ともに健康で、幸福であることに価値を求める時代へ

コロナ禍にともなうさまざまなライフスタイルの変化がもたらした影響のひとつに、**ウェルネス関連市場の拡大**があります。

その背景には、**幸福度とウェルネスの興味深い関係**があります。データで見てみましょう。

モノを買わなくても十分に幸せになれる時代

国連機関である持続可能な開発ソリューションネットワーク（ＳＤＳＮ）が、２０１２年以降２０１４年を除き毎年発表している**「世界の幸福度」**という指数があります。指数はアメリカの調査会社がグローバルで実施する世論調査をもとにしており、各国の約１０００人に生活についての満足度を0から10までの11段階で自己評価し、生活評価を計測。そのうえで、１人あたり国内総生産（ＧＤＰ）、社会保障の充実度、健康寿命、人生の選択における自由度、他者への寛容さ、国への信頼度の6項目が加味されて算出されます。

また、各国の単年の結果がそのまま反映されるのではなく、**各年の指数は過去3年間の平均値**です。たとえば２０２３年に発表された指数は、２０２０年から２０２２年までの３年間の平均値となります。

この推移を見ると、面白いことがわかります。

じつはコロナ禍を経て、幸福度が増している日本

まず過去10年間、少しずつではありますが、世界の幸福度は上がってきています。

図表6　世界の幸福度スコアの推移

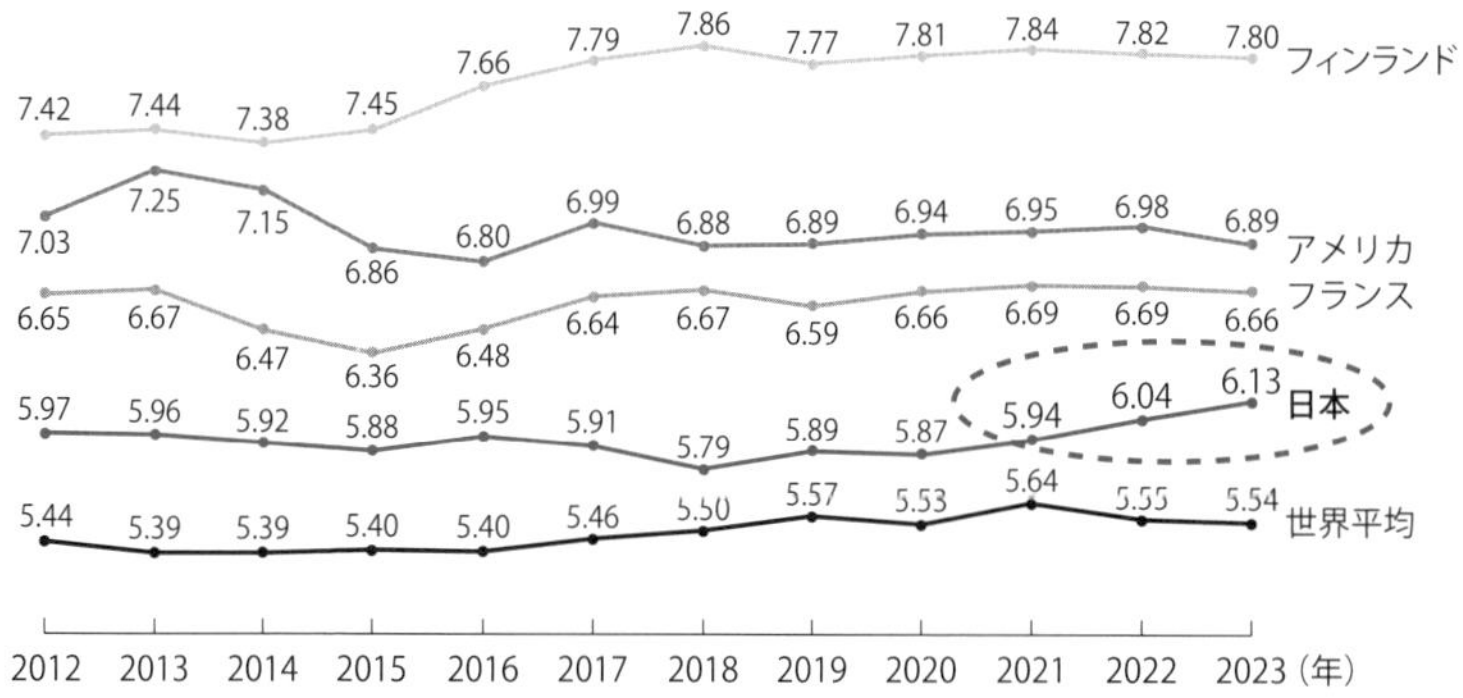

出所：UN「The World Happiness Report」

その中でアメリカやフランスなど先進国にはほとんど変化はありませんが、**日本は上昇傾向が見られます。**

もともと日本は先進国の中では低スコアで、幸福度のランキングでも60位前後が定位置なのですが、直近の３年間は**６点台にスコアが改善**しています。

２０２３年の値は、２０２０年から２０２２年まで３カ年の平均値なので、全期間にわたってコロナ禍にあったことになります。

さらに、２０２２年はロシアのウクライナ侵攻、インフレにともなう生活費の高騰などもありました。

しかしながら、大半の指標がほとんど変わらない数値を維持し、**全体として日本の幸福度はコロナ禍前より上がったまま**です。

これは**コロナ禍を経て変化した生活様式が、日本ではとくにポジティブに作用している**ことが読みとれます。

リモートワークの普及によって、家族との時間が増えたり、職場の付き合いが減少したりと、**昭和に形成された職場中心のライフスタイル**から、より**個人の価値観や家族のあり方を中心としたライフスタイルに変化**したことが影響していると考えられます。

直近3年間、日本は失われた30年から変わらずの低成長のまま、社会や経済はコロナ禍とインフレで混乱し、アパレル市場も苦しい状況がつづいていました。

しかしながら、**全体としては人々の幸福度は上がっている**のです。

スポーツ、アウトドアなどウェルネス関連市場はまだ伸びる

先に紹介した幸福度ランキングが掲載されている「The World Happiness Report」では、最近のレポート内で**「ウェルネス」**や**「ウェルビーイング」**といった言葉が幾度となく登場します。

幸福になるためには、**ウェルネス、すなわち心身ともに健康であること**が重要だからです。そしていま、ウェルネスは高齢化が進む先進国ではとくにムーブメントとなっており、**アパレル業界においても成長市場**となっています。

図表7　主要国のスポーツ・アウトドアアパレル市場規模推移（兆円）

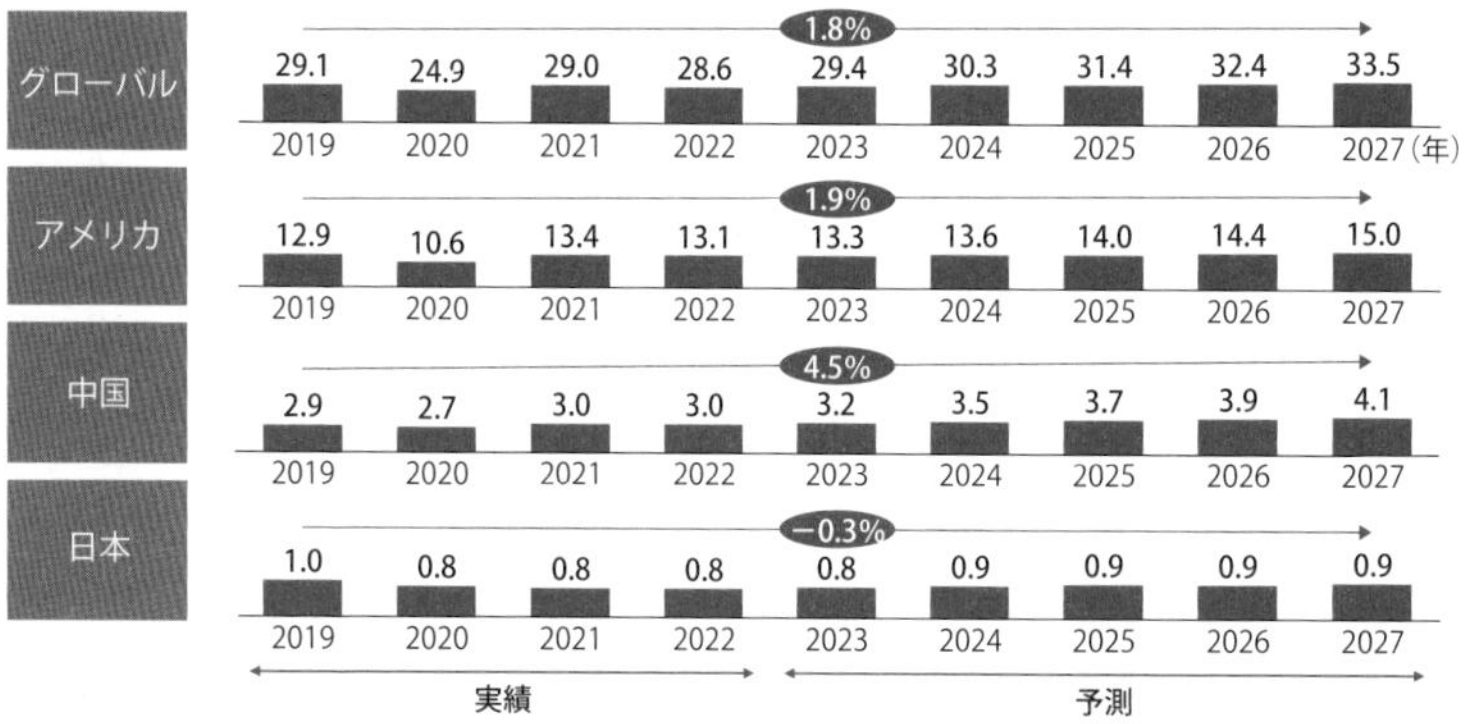

1）為替は2022年のドル円相場平均から計算
出所：Euromonitor

図表7は、主要国のスポーツ・アウトドアアパレル市場の市場規模予測（実質ベース）を示しています。

アパレル市場全体の2019〜2027年の年平均成長率は、実質ベースでグローバル0・3％、アメリカ0・5％、中国0・3％、日本はマイナス2・5％です。

一方、図表7に示すスポーツ・アウトドアアパレルの成長率は、グローバル1・8％、アメリカ1・9％、中国4・5％、日本マイナス0・3％と、**各国で市場全体の成長率を上回っており**、人々の健康志向のアパレル市場への影響が垣間見えます。

とくに中国では、市場全体の0・3％に対して、スポーツ・アウトドアアパレルは4・5％と高い成長率を示しており、これから**大きなウェルネスブーム**を迎えます。**市場全体の減少が確実な日本でも、スポーツ・アウトドアアパレルは２０２７年までほぼ横ばい**です。

好調なルルレモン、ザ・ノース・フェイス、アシックス

実際、企業レベルで見ても、**ウェルネスを世界観の中心にしたブランドは、グローバルで急成長を遂げています。**

ヨガウェアを起点にスポーツアパレルを展開するカナダのルルレモンは、過去5年で売上高が倍増し、２０２３年1月期の売上は81億１０００万ドル（約1兆１３５０億円）と、１兆円を突破しました。

日本でも、ゴールドウィンが展開するザ・ノース・フェイスなどのアウトドアブランド、アシックスなどのスポーツブランド、アパレル企業の参入がつづくゴルフブランドはコロナ禍の影響も少なく、**順調に成長**をつづけています。

一部では業績を下方修正する企業もありますが、コロナ禍の特需継続を見込みすぎたことが要因であり、**スポーツ・アウトドアアパレル市場は潜在的な成長力**を有します。

このようにアパレル市場全体の成長は止まったとはいえ、カテゴリー別に見ていくと成長市場は存在します。

逆に、スーツや女性ビジネスウェアのように、生活様式の変化にともない減少しているカテゴリーも存在します。

アパレル企業において、**自社のブランドポートフォリオと各ブランドが位置するカテゴリー別の市況の変化**は、常に目を光らせるべきポイントです。

「成長」のみを追い求め、享受する時代の終焉

ここまで見てきたように、

「新品が売れない代わりに中古品が売れる」

「人々がウェルネスであることを求め、モノを買わずとも幸福度が上昇している」

という社会現象は、アパレルという商材を通じて見る、時代の趨勢のように思えます。

オックスフォード大学の地理学者ダニー・ドーリングは、著書『**Slowdown 減速する素晴らしき世界**』の中で次のように述べています。

> スローダウンはすでに始まっているし、それはとてもよいことだ。スローダウンが起こらなくて、総人口がどんどん膨れ上がり、社会の経済格差がどんどん広がり、1

> 人当たりの消費量がどんどん増えれば、破滅を迎えるだろう。私たちは資本主義という経済システムにどっぷり浸かっているので、それが終わるなんて想像もできないが、人口が増加せず、物質的な経済成長も止まれば、資本主義は何か別のものに姿を変える。いまよりもずっと安定していて賢明な何かに。

ドーリングは、人口動態、経済成長、テクノロジー、イノベーションなどあらゆる領域で、膨大なデータとファクトを用いながら、**成長がスローダウンしていること**を説明しています。

そして、歴史的に見れば、**むしろ過去数十年のみがあらゆるものが加速的に成長した〝異常〟な時代**であり、現在は正常な状態に軟着陸する過渡期で、その先にある安定した世界をポジティブに描いています。

現在のアパレル業界にも、スローダウン現象は当てはまるでしょう。

過去の成長の源泉であった、毎年トレンドを創出し、新品の物販を拡大しつづけるというモデルが、**環境負荷の観点でも限界を迎え、市場成長も止まりつつあります。**

他方で、**リセールビジネス**や後に紹介する**リジェネレーション（環境再生型事業）**など、**経済と環境保全を両立するようなモデルへの試み**が、さまざまな場所ではじめられています。

アパレル業界は時代の先取りを行うという特性にならい、いままさにドーリングのいう**「いまよりもずっと安定していて賢明な何か」**を模索しはじめているのではないでしょうか。

コラム

消費財の中でも際立つアパレル市場の特性とは？

第1章では、アパレル市場の動向について、マクロな環境変化を起点に説明してきました。ここでは企業間の競争環境の視点で見てみましょう。

細分化されているからこそ、まだまだ戦いの余地がある

企業間の競争環境において、アパレル市場に見られる特徴とは何でしょうか。

それは、**市場が細分化されている（専門用語では「フラグメント」といいます）**ことです。

図表8は、主な消費財における**上位10社が占めるマーケットシェア**を比較したもの

図表8　上位10社が占めるマーケットシェアの比較（2022年）

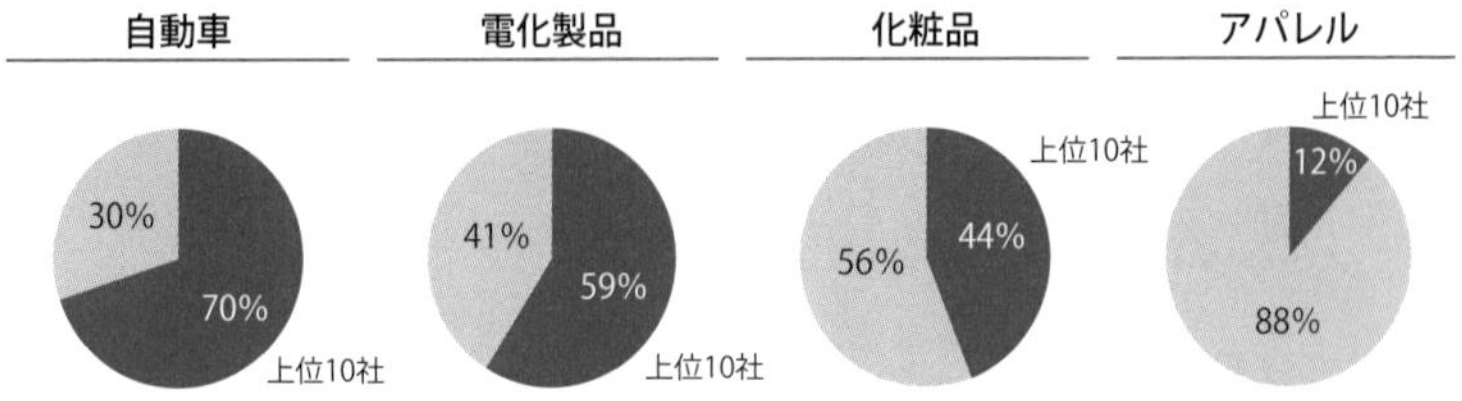

出所：LMC Automotive, Euromonitor

です。

自動車が70％、電化製品59％、化粧品44％に対して、**アパレルはわずか12％**です。

また、各カテゴリーでトップシェアの企業はいずれも10％以上のシェアを有していますが、アパレルではザラを擁する首位のInditexでも、わずか2％のシェア（2022年）しかありません（なお、靴までを含めたアパレル・靴市場では、首位はナイキとなりますが、それでも3・6％のシェアにとどまります）。

このデータからも、**非常に細分化された市場**であることがわかります。

これを企業の競争戦略の観点から見ると、さまざまな戦略オプションがとれることが考えられます。

つまり、**市場が細分化されており、かつ大手が圧倒的ではないので、特殊なカテゴ**

リーを狙ったニッチ戦略や、独自性を磨いた差別化戦略がとりやすい市場といえます。

本章で説明してきた「市場成長が止まりつつある」という話を受け、暗い気持ちになった方もいるかもしれませんが、**市場がフラグメントなため全体の影響を受けにくく、局地戦で十分に戦いようがある**のがアパレル市場の特性なのです。

中小企業が多く、規制がかけにくい一面も……

一方で、市場が「フラグメント」であるがゆえの特性として、**業界全体に規制や制限がかけにくい**という側面もあります。

たとえば、自動車業界ではここ数年、脱炭素の流れからさまざまな規制が設けられています。

欧州委員会は2021年、自動車の新車からのCO_2排出を2035年までにゼロにする規制案を発表。ハイブリッド車を含むガソリン車の販売を禁止し、電気自動車や燃料電池車への移行を強制しました。

そして、法案は1年後の2022年10月に、EU加盟国で合意されています（ただし、その後の議論で再生可能エネルギー由来の水素でつくった合成燃料e-fuelは除くことになっています）。

このような規制が現実的に効力を発揮する背景には、**プレーヤー数が少ないため関**

係者間での調整がききやすいことがあります。

また、各プレーヤーが大企業なので監視がしやすく、規制の目をすり抜けるのが非常に難しいという側面もあります。

一方、アパレル業界の場合は自動車と正反対で、**市場には数多くのプレーヤーが存在し、その大半が中小企業**です。

いま欧州を中心に、**環境負荷情報の開示や廃棄の禁止**など、さまざまな取り組みが開始されつつありますが、すべてのプレーヤーの法令順守状況を監視するのは現実的ではありません。

また、海外ブランドの個人輸入などにも規制をかけることは現状難しく、法的に規制を設けても、さまざまな抜け道があるのが現状です。

このように、**規制や制限がかけにくい**という特性をもつ中で、アパレル産業が脱炭素をはじめとする業界課題をどのように解決していくかは、大きなチャレンジです。

それは、まさにいま人間社会全体が試されている、**「カーボンニュートラルに向けた国際協調をいかに成し遂げるか」**という難しい現実の縮図ともいえるのではないでしょうか。

第2章

アパレル業界を大きく揺るがす「サステナビリティ」問題の本質

「衣服をつくること」は地球にどんな影響を与えるのか

第1章では、アパレル市場を取り巻く環境変化について説明しました。

その中でも何度か出てきましたが、**気候変動問題を中心としたサステナビリティ対応**は企業活動に制約を課しはじめており、市場への影響も大きくなっています。

また、リユース市場の拡大にも見られるように、**生活者も地域差はあれど、徐々にサステナブルな消費行動をとりはじめています**。

本章では、グローバルで取り組みが必須となっているサステナビリティ対応について、現状と今後について深掘りし、業界への影響を考察していきます。

その入り口として、まずは**アパレル業界が抱えるサステナビリティ問題**について整理してみましょう。

アパレル業界特有の「5つの問題点」

アパレル業界のサステナビリティ関連の問題点は、次の5つのカテゴリーに大きく分けられます。

問題点① 温室効果ガス排出による気候変動問題

「持続可能なファッションのための国連アライアンス」によれば、**アパレル業界の温室効果ガス排出量は、全世界の排出量の約8～10%を占める**と指摘されています。

パーセンテージはソースにより大小はあるものの、おおむね4～10%の範囲で、**これは地球全体のCO_2換算の総排出量約510億トンのうち、約20～50億トンに相当する量**です（なお、本書では以降アパレル業界のCO_2換算排出量は、便宜的に**シェア8%＝40億トンに統一**します）。

詳しくは後述しますが、**気候変動問題**は**人類および生物多様性**に与えるインパクトが非常に大きく、**グローバルでは一丁目一番地の社会課題**です。

問題点② 環境汚染

環境汚染は、大きく**水質汚染**と**土壌汚染**に分けられます。

水質汚染には、化繊衣料から発生するマイクロプラスチックによる**海洋汚染問題**と、染色工程での化学物質利用に起因する**淡水汚染問題**があります。

とくに、マイクロプラスチック問題は深刻で、海へ流出しているマイクロプラスチック約1300万トンのうち6割は、化繊衣料を洗濯する際に発生します。WWF（世界自然保護基金）は、現代人はクレジットカード1枚分のプラスチックを毎週摂取していると指摘しています。

また、土壌汚染は、主に綿花栽培における殺虫剤や除草剤の大量利用による汚染が指摘されています。

問題点③　資源の無駄使い

紡績、染色などの工程における水資源の大量使用や、**つくられた衣料品の大量廃棄問題**が該当します。

水資源については、今後地球温暖化の影響により水資源が枯渇する国も多いことから、早急な対策が必要です。

問題点④　人権侵害

サプライチェーンの製造工程における、強制労働や違法条件での労働が該当します。

2013年にバングラデシュで起きたラナ・プラザの悲劇*以降、途上国における衣料品の生産現場の改善はつづけられていますが、いまだに違法性が指摘される事案が出ています。

問題点⑤　動物愛護問題

動物の毛や羽毛の刈りとりにおいて、一部で**動物虐待**が存在するという指摘がなされています。

これら5つのカテゴリーは、いずれも対処すべき重要な問題ですが、人類全体へのインパクトを考えると、気候変動問題が最も切迫したテーマです。

それでは、なぜ**気候変動問題のインパクトが大きい**のか、詳しく見てみましょう。

気候変動が世界に与える「とてつもないインパクト」

二酸化炭素、メタン、一酸化二窒素、フロンなどの温室効果ガスは、その名前のとおり、熱を閉じ込め、地球を暖める効果があります。

また、排出された温室効果ガスは大気中に残存し、1万年後でもその5分の1が残るといわれています。

したがって、仮にいますぐにカーボンニュートラル[**]を達成したとしても、これまで人類

*2013年4月24日、バングラデシュの首都ダッカ近郊にあった8階建ての商業ビル「ラナ・プラザ」が崩落。死者1130人以上、負傷者2500人以上、行方不明者500人以上という大事故となった。原因は杜撰な安全管理体制とされており、犠牲者の多くはこのビルに入っていた複数のファッションブランドの縫製工場従業員の若い女性たちだった。

**カーボンニュートラルとは、二酸化炭素など温室効果ガスの「排出量」から、植林などによる「吸収量」を差し引いて、合計を実質ゼロにすることを意味する。

図表9　世界の温室効果ガス（CO_2換算）の排出量推移とシナリオ別
2100年時点の気温上昇度合（産業革命以降）［十億トンCO_2］

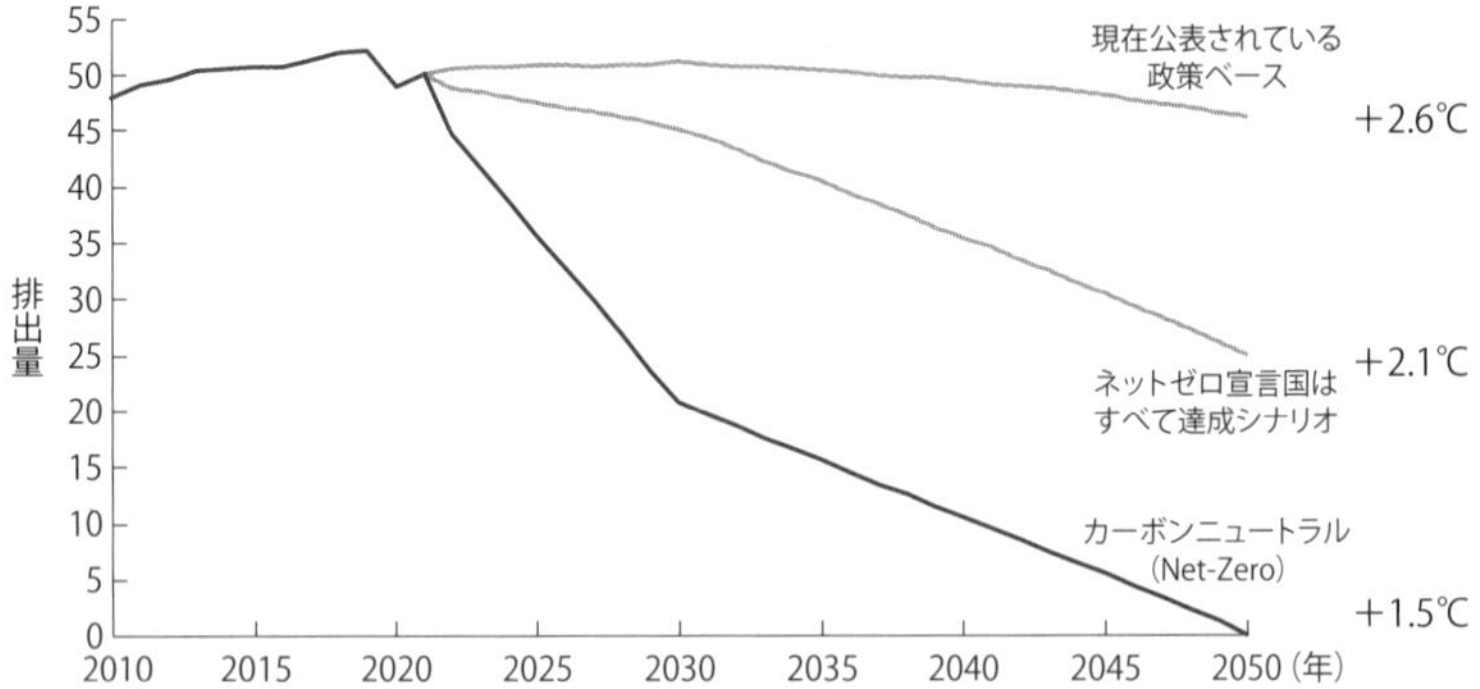

出所：IEA

が排出してきた蓄積があるため、気温上昇は当面つづきます。

　そして、現実世界では世界のカーボンニュートラルに向けた道筋はまったく見えておらず、達成に向けてはさまざまなイノベーションと国際協調を必要としています。

　産業革命以前と比較して、**現在の地球平均気温はすでに約0・8度上昇した**といわれています。

　そして、IEA（国際エネルギー機関）などが予測している今後の温室効果ガス排出量のシナリオを分析すると、大きく図表9で示す**3つのシナリオ**が予測できます。

　この予測で興味深いのは、仮に2050年に世界がカーボンニュートラルを達成したとしても、世界の平均気温はパリ協定目標の1・5度の上昇が見込まれることです。

温室効果ガスの排出はすぐにはゼロにできないため、2050年に向けて減少していくとはいえ、一定量の排出はつづきます。

すなわち、この間も排出された温室効果ガスは地球上に蓄積されていき、最善のシナリオを描けたとしても、すでに産業革命以前から0・8度上昇してしまった現在、**確実にあと0・7度は上昇する**ことになります。

しかしながら、本書を執筆している2023年現在、世界のカーボンニュートラルに向けた足並みは揃っておらず、達成はままならない状況です。

脱炭素に向けた取り組み状況やコミットの度合いは、各国でバラツキがあります。

仮に、現在ネットゼロをコミットしている国々がすべて達成できたとしても、カーボンニュートラルには届かず、**2・1度の上昇**が見込まれます。

現実的には進捗が芳しくない国も多く、現状公表されている政策ベースで進むと、3つのうち**産業革命以降から2・6度の上昇のシナリオとなる可能性が高い**といえます。

このような気温の上昇がつづくと、気候のパターンが変化し、**暴風雨の増大、台風の巨大化、干ばつ・熱波・山火事の増加、海面上昇、食料問題の悪化、生物多様性の喪失、パンデミックのリスク上昇、健康リスクの拡大、難民の増加、地政学リスクの上昇**など、さまざまな悪影響をもたらします。

気候変動で『天気の子』の世界が現実に!?

これらの経済的な影響は、さまざまな機関により研究されています。

S&Pグローバルは、気候変動によって世界の年間経済生産の４%（約３・８兆ドル）が２０５０年までに失われると指摘。２１００年までの時間軸で見ると、ブラックロックはGDPの25%相当に損失が拡大する見方を示しています。

加えて問題なのは、**気候変動による影響は、先進国よりも発展途上国のほうが圧倒的に大きい**ということです。

S&Pによれば、南アジア諸国はGDPの10～18%が気候変動リスクにさらされており、バングラデシュ、インド、パキスタン、スリランカでは、山火事、洪水、暴風雨、水不足のリスクをとくに抱えています。

実際、２０２２年に**パキスタンの国土の約３分の１が水没**したことは記憶に新しいでしょう。

これらの国々が受けるリスクは、より責任を負うべき先進国が受けるリスクの数倍に相当します。

このように、気候変動の影響が増せば発展途上国で甚大な被害を受ける国が増え、**地政学リスクへの影響も増し、世界情勢はますます不安定になる可能性**があります。

気候変動は日本人にとっても大きな問題
——台風の巨大化や線状降水帯の発生による洪水の増加

気候変動は日本人にとっても大きな問題です。

台風の巨大化や線状降水帯の発生による洪水の増加は、すでに顕在化しています。とくに、首都圏は温暖化にともなう降雨量の増加によって、荒川が氾濫するリスクをすでに抱えています。

国土交通省のシミュレーションによれば、荒川が氾濫した場合、東京の地下鉄最大17路線97駅が浸水し、東京の東側が水没する可能性があるのです。

実際、各地で洪水や被害をもたらした２０１９年の台風19号では、荒川氾濫の可能性があったことが専門家の解析でわかっています。

新海誠監督の映画『天気の子』で出てきた水没した東京の様子は、空想ではなく現実になりかねないわけです。

なお、**荒川氾濫が起こった場合の経済損失**は、累計で**90兆円を超える**という試算もあり、東日本大震災の経済損失額を上回る可能性があります。

本書は環境問題を掘り下げる本ではないので、気候変動の説明はここまでとします。

いずれにせよ、気候変動が非常にインパクトの大きい喫緊の社会課題であることはご理解いただけたと思います。

なぜアパレル業界は、たくさんのCO_2を排出してしまうのか

このように大きな社会課題である気候変動問題に対して、アパレル業界も一定の加担をしてしまっています。

では、アパレル業界は、どこからそんなに多くのCO_2を排出しているのでしょう?

答えは、**衣服の大量生産**です。

CO_2の排出は、国際的な枠組みであるＧＨＧプロトコルに則り、Ｓｃｏｐｅ（スコープ）１／２／３*に分解して計測するのが一般的です。

この中で、アパレル企業から生じるCO_2は９割以上がＳｃｏｐｅ３、その中で15個ある小分類におけるカテゴリー１の「購入した製品・サービス」から生じる割合が大半です。

これは、原材料を生産・調達し、糸から生地をつくり、縫製して製品に仕上げる長いサプライチェーンの中で発生するCO_2の総和にあたります。

たとえば、コットンのＴシャツを１枚生産する中で発生するCO_2は、原材料産地や工

場により異なりますが、だいたい2～5キログラムです。

これは成人が1日に出す二酸化炭素の約2～5日分に相当します。

Tシャツ1枚のCO_2排出量そのものは、問題になるようなレベルではありません。

問題は、これに大量生産・大量消費というモデルが掛け算された場合です。

「毎年衣服を買い替え、大量の商品を生産・消費・廃棄するサイクルを繰り返す」という大問題

2000年以降のファストファッションの拡大にともない、衣類の生産量はグローバルで増えつづけてきました。

世界経済フォーラムによれば、現在**世界では約1500億点の衣料品が毎年生産されており、数値は過去20年で倍増**しています。

仮に、これがすべて排出量4キロ／枚のTシャツだったとすると、アパレルから出るCO_2は生産段階からのみで、4キロ×1500億点で6億トンになります。

＊Scope（スコープ）1／2／3＝GHGプロトコルにより分類されるCO_2排出の分類。Scope1は企業の設備・所有物からの直接排出量、Scope2は他社発電の電力使用に関する間接排出量、Scope3はScope1・2以外の企業活動全体から生じる間接排出量。

TシャツのCO_2排出は重衣料（スーツやコートなど厚手で重さのある衣料）などその他アイテムより小さいので、現実の排出量はもっと多くなり、前述したとおり約40億トンです。

ちなみに、日本全体のCO_2総排出量は約11・５億トン（２０２０年）ですので、**アパレル産業のCO_2負荷は、世界第３位のGDPの国、日本（２０２２年時点）よりも大きい**ということになります。

マイクロソフトの創業者で、気候変動問題の解決を目指すブレークスルー・エナジーを立ち上げたビル・ゲイツによれば、コロナ禍で経済活動が鈍る前の世界の温室効果ガス排出量は、CO_2換算で約５１０億トンです。

衣類の生産だけで、５１０億トンのうちの40億トン。

このような単純比較からでも、**生産量に問題がある**ことは理解できるでしょう。

毎年衣服を買い替え、大量の商品を生産・消費・廃棄するサイクルを繰り返す。

この蓄積が、全産業に占めるCO_2の排出量シェア８％という**不名誉な現実**を生んでいるのです。

「1人あたり年間約30点」の衣料品が供給される日本

世界の人口は２０２３年現在、約80億人です。先述した衣料品の年間生産数１５００億点÷80億人と単純平均すると、１人あたり年間約18着の新品衣服を消費する計算になります。

18着というと多く感じるかもしれませんが、極端な数字ではありません。

しかしながら、実態としては先進国や一部の新興国に衣料品が過剰供給され、途上国には先進国からの余剰在庫や中古品が輸出されるというサイクルがつくられており、先進国の１人あたり衣類点数は多すぎる状況となっています。

経済産業省によれば、**日本における衣料品の国内供給点数はバブルのころの20億点から１・８倍以上に増え、２０２２年には37・３億点に達しています**。

人口で割ってみると、**日本人１人につき年間約30点もの衣料品が供給される**ことになります。

他方で、総務省の家計調査から需要にあたる購入点数を試算すると、約12〜13億点にとどまり、供給点数との差分は**余剰在庫の温床**となります。

これはアメリカや日本だけでなく、多くの先進国で同じ状況で、**需要を遥かに上回る供給が市場になされているのが実情**です。

そして、先進国で余った在庫や状態のよい中古品は、コストがかかるリサイクルではなく、多くがアフリカなどの途上国に輸出されます。

途上国のマーケットで格安の衣料品が売られるのは一見よさそうですが、安価な中古品

図表10　国内に供給される衣類のライフサイクルのCO_2排出量［百万t-CO_2］

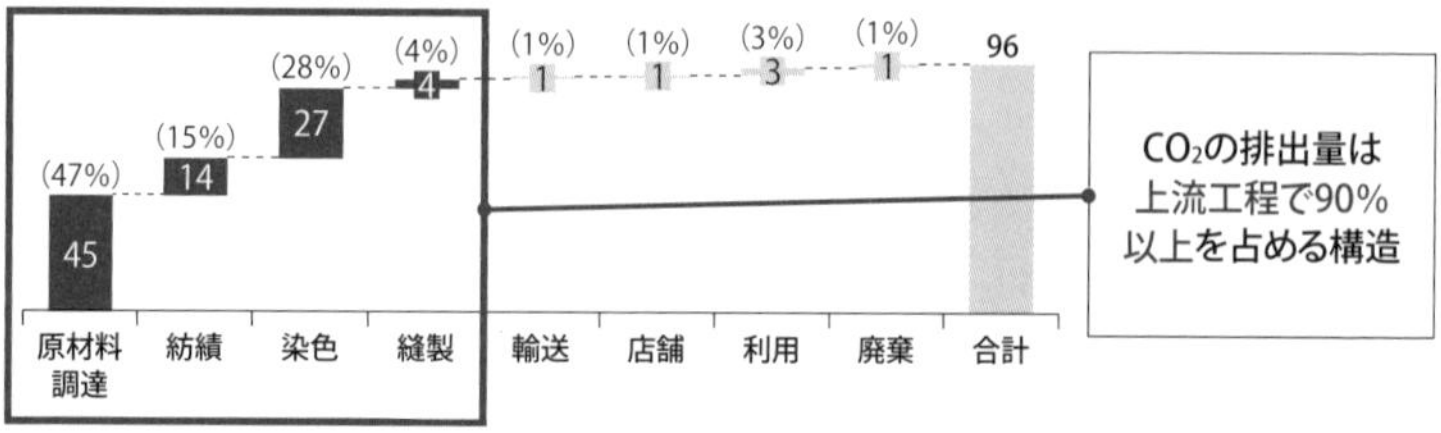

出所：環境省「令和2年度ファッションと環境に関する調査業務」—ファッションと環境」調査結果—

が出回る結果、**自国でアパレル産業が育たない、一部の衣料品はごみとして廃棄・放置される**などの問題を引き起こしています。

先進国や新興国の豊かな生活者には、必要以上にたくさんの衣類がつくられ、その余りが途上国の生活者に還流しているのが実態です。世界には、新品の衣服をほとんど買っていない生活者がたくさんいるのです。

このように、先進国を起点にグローバルで起こっている供給過剰がCO_2排出量増大の原因であり、まず見直すべきサイクルでしょう。

実際、図表10で示すとおり、衣料品のライフサイクルにおいて発生するCO_2排出の9割以上は、ものづくりの工程で発生しています。

まずは「量」を減らすことが、CO_2削減に向けた第一歩となります。

CO_2排出量を可視化することの難しさ

以上のように、アパレル企業においては、まずは自社のCO_2排出量を算出し、製品の生産工程から出るCO_2をコントロールし、削減していくことが必要です（GHGプロトコルのScope3のカテゴリー1に該当します）。

削減にあたっては生産量の削減が基本ですが、CO_2排出量の低い素材の取り扱い増加や、その他生産工程における地道な削減を積み上げていくことも重要です。

ここでアパレル企業にとって悩ましい問題として、**素材や工程によるCO_2排出量の差をどのように算出するか**があります。図表10に示すとおり、アパレルビジネスのCO_2排出の約半分は、原材料調達、すなわち素材に該当します。

アパレルの素材は多岐にわたり、たとえば**天然繊維には動物性素材であるウールやシルク、植物性素材であるコットンやリネン**があり、**合成繊維には石油系のナイロンやポリエステル**があります。

これら**素材の違いによって、CO_2排出量は大きく異なります**。また、同じ素材であっても産地により排出量が異なるため、企業は可能な限りそれらを考慮して算出することが望まれます。

また、素材に加えて生産工程ごとの排出量も加味しなくてはなりません。

アパレルの生産工程は多段階にわたっており、紡績〜染色〜生地製造〜縫製と、複数の工程を経て製品化されるのが一般的です。

それぞれの工程でCO_2がどのくらい排出されるのかを調べなくてはならないことが、CO_2排出量の可視化のボトルネックとなっています。

環境負荷を測定する「ライフサイクルアセスメント（LCA）」と「Higg MSI」

企業が自社の環境負荷を測定することを、**「ライフサイクルアセスメント（LCA：Life Cycle Assessment）」**と呼びます。

具体的には、ある製品・サービスのライフサイクル全体（資源採取―原料生産―製品生産―流通・消費―廃棄・リサイクル）またはその特定段階における環境負荷を定量的に評価する手法です。

今後、アパレル企業は、**LCAを行い、CO_2排出量や水使用量といった環境負荷を定量的に把握**することが求められます。

その際、欧州では可能な限り自社のサプライチェーンに沿って一次情報を取得・分析して、ＬＣＡを行うことが求められています（一次情報とは、企業が自社製品の産地や生産工程を分析し、直接的に収集した情報です）。

しかしながら、アパレル製品はそもそもの種類（ＳＫＵ、最小在庫管理単位）が多く、素材や生産地のバリエーションが多岐にわたるため、すべてのＬＣＡを一次情報ベースで行うのが難しいのが現状です。

そこで、多くの企業が頼っているのが二次情報としてのデータベースになります（二次情報とは、他者を通して得られた情報を指します）。

代表的なデータ「Higg Index」を構成する5つの要素

その代表的なデータが、**「Higg Index」**です。

Higg Indexは、アパレル業界で世界最大のＮＧＯであるサステナブルアパレル連合（ＳＡＣ：Sustainable Apparel Coalition）が開発したツール群で、大きく次の5つから構成されます。

① Higg Facility Environmental Module（ＦＥＭ）▼生産工程の環境負荷情報

② Higg Facility Social & Labor Module（ＦＳＬＭ）▼社会・労働面の環境負荷情報

③ Higg Brand & Retail Module（ＢＲＭ）▼ブランドや小売業者の環境負荷情報

④ Higg Materials Sustainability Index（ＭＳＩ）▼素材別の環境負荷情報
⑤ Higg Product Module（ＰＭ）▼製品ライフサイクルの環境負荷情報

なかでも、**素材別の環境負荷情報を提供するHigg MSI**は、素材別のCO_2排出量計算に有用で、広く使われています。ＳＡＣの加盟企業はHigg MSIを利用でき、素材別のCO_2排出量や水使用量、リン酸化合物の使用量などを計算することができます。

Higg MSIは、アパレルで使用される多くの素材をカバーしており、同じ素材の中でも製法による違いも一定数加味されています（たとえば、コットンとオーガニックコットンの環境負荷の違いもカバーされています）。

二次情報としてはＩＤＥＡなどほかにもデータベースはありますが、現状Higg MSIほど幅広い素材をカバーしている環境負荷データベースはないため、多くのアパレル企業がＳＡＣに加盟し、Higg MSIを利用しています。

うわべだけの甘い見積りになる可能性も

しかしながら、Higg MSIはあくまで汎用的な情報であり、いわゆる二次情報に当たるため、利用には注意が必要です。

２０２２年、ノルウェーにて大手アパレル２社が、Higg Indexのデータにもとづく環境配慮のアピールを行ったところ、データは一次情報に当たらないため真実かつ正確である証明が不十分だとして、ノルウェー消費者庁から警告が出されました。

マーケティングで「環境配慮」を謳うのであれば、**ＬＣＡを行い、十分な一次情報によるエビデンスが必要というのが当局の見解**です。

欧州ではこのようにいま、マーケティング上、エコや環境保全を訴えることに厳しく、十分なエビデンスがないと、**「グリーンウォッシュ」（うわべだけで実体のともなわない環境活動）**と指摘されるリスクが高まっています。

また、一部のメディアや団体からは「Higg MSIは天然素材に対して合成繊維の環境負荷を低く見積りすぎている」という指摘もされています。

このような指摘を受け、２０２３年８月現在、Higg MSIのアップデートが行われています。

さまざまな指摘や批判はあれど、素材が多岐にわたるというアパレルの特性を踏まえると、Higg MSIのような二次情報データベースは必要です。

また、最初から完璧なデータベースは存在しません。

建設的な議論を通じ、今後の進化、精度向上に期待したいところです。

日本では「排出原単位データベース」が使われるが……

なお、日本の場合は企業がCO_2排出量を計算する際の二次情報データベースとして、環境省が提供する**「排出原単位データベース」**を参照するのが一般的です。

このデータベースでは、社会に存在するすべての財やサービスが約４００種類に分類されており、効率的にCO_2排出量を算出できます。

そのため、多くの企業が業種横断で利用する**標準的なデータベース**となっています。

しかしながら、アパレル業界向けとしては**提供しているデータの種類が限定的**であるという課題を抱えています。

たとえば、**衣服の最終製品の原単位としては、「織物製衣服」「ニット製衣服」「その他の衣服・身の回り品」の3つしかありません。**

実際には、「織物製衣服」といっても、毛織物、絹織物、綿織物など素材や製造方法によってさまざまな種類があり、それぞれ環境負荷が異なりますが、その差がまったく加味されない概算値となっています。

また、原単位は重量ベースもしくは金額ベースでCO_2換算できるようになっていますが、それぞれで算出値が異なってしまいます（なお、アパレルの最終製品の金額や原価には幅がありますので、アパレル業界向けには素材別に集計する**重量ベース**での算出が適しています）。

このように、排出原単位データベースは、素材差や製造工程の差を織り込めない概算値のため、今後アパレル業界で求められる、CO_2排出のモニタリングと削減に向けたアクションプランに用いるには適していません。

なぜなら、たとえば**「ウールを再生ウールに替えた場合、どれくらいCO_2を削減できたのか」**といった素材別の削減施策効果を算出し、きめ細かくモニタリングすることができないからです。

アパレル企業がカーボンニュートラルに本気で取り組むのであれば、一次情報は難しくとも、**最低でもHigg MSIレベルの二次情報を用いた計算を行い、削減に向けた緻密なアクションプランを考えるべき**です。

一方、世界標準業界団体であるＳＡＣの加盟企業に日本企業はまだ少なく、Higg MSIを利用している日本企業も一部に限られます。

多くの企業が排出原単位データベースによる算出にとどまって様子見のきらいがあり、**実行力のある削減ロードマップが描けていない**ことに危機感を覚えます。

サステナビリティに対して、欧州はどのように取り組んできたのか？

さて、ここからはヒートアップするサステナビリティ問題に対して、欧米がどのように取り組んでいるのか、その歴史・変遷から整理しましょう。

欧州におけるサステナビリティの歴史を大別すると、私見ですが**「黎明期」「浸透期」「拡大期」**の3つに分けることができます。

歴史① 黎明期

まず、**2011年まで**がサステナビリティの**「黎明期」**です。

このころは、パタゴニアのようなサステナビリティに対して先進的に取り組む一部の企業が、個別にサステナビリティ推進に着手していました。**個別企業が独自の問題意識や企業理念にもとづき、取り組んでいた時代**です。

そして、パタゴニアとウォルマートによってはじめられたサステナビリティの取り組みが、先に紹介したSACとしてNGOに組織化され、Higg Indexが世に出されたのが2011年です。

個別企業の取り組みがNGOに昇華された2011年を、ひとつの節目と考えます。

歴史② 浸透期

２０１２年から２０１９年ごろまでが、業界全体にサステナビリティに対する取り組みが広まっていった**「浸透期」**です。

２０１１年にケリングが環境損益計算（ＥＰ＆Ｌ）を開発し、自社の環境負荷を定量的・財務的に見える化。

２０１２年にはＬＶＭＨがＬＩＦＥ（LVMH Initiatives For the Environment）というグループ企業の環境パフォーマンスを管理するプログラムを開発しました。

ラグジュアリーの有力企業が動き、業界全体を動かしはじめます。

この浸透期でマイルストーンとなった出来事が、２０１５年12月に開催された**「国連気候変動枠組条約第21回締約国会議（COP21）」**です。

通称**「パリ協定」**といわれる**温室効果ガス排出削減等のための国際的な枠組み**が採択されました。

このパリ協定を境に、世界ではＥＳＧ投資が盛んになり、機関投資家に配慮する必要がある上場企業では、サステナビリティの推進機運が高まっていきます。

このころから、アパレル業界内でも、気候変動に対する意識が高まりました。

そして、２０１９年、ＥＵは**「欧州グリーンディール」**という政策を発表し、ＥＵ全体で２０５０年までにカーボンニュートラルを達成するという目標を定めました。

国連が、**「持続可能なファッションのための国連アライアンス」**を立ち上げ、アパレル産業の環境負荷の高さを指摘したのも２０１９年です。

歴史③　拡大期

２０１９年以降を**「拡大期」**と呼んでいます。

２０１９年から現在にかけ、**欧州でアパレル業界でのサステナビリティに対する取り組みが本格的に加速**しています。

翌年の２０２０年3月には、欧州グリーンディール政策を推進するための「新循環経済アクションプラン」が示され、環境負荷が高くサーキュラーエコノミー化を進めるべき7つの産業を選出。**繊維・アパレル産業はそのひとつ**に選定されました。

ファストファッションを否定する「ＥＵの本気度」

２０１９年以降の「拡大期」における重要な出来事として、２０２２年3月に出された**「持続可能な循環型社会に向けたＥＵテキスタイル戦略」**があります。

この中で、２０３０年までにＥＵの市場で流通する繊維製品は、図表11の要素をクリアしたものでなければならないと決まりました。

欧州には、拡大生産者責任（ＥＰＲ：Extended Producer Responsibility）という、**製品に対**

図表11　EUテキスタイル戦略：The Commission's 2030 Vision for Textilesの概要

①2030年までに、EU市場の繊維製品は以下の3条件を満たすことが必要
- 高耐久性、リサイクル可能、再生繊維による製品が大半を占める
- 有害物質を含まない
- 社会的権利や環境を尊重した生産プロセスにより製造

②耐久性・品質に優れ、かつ手頃な価格のテキスタイルを中心とし、従前のファストファッションのビジネスモデルから脱却する

③リユースやリペアサービスを広く普及させ、製品のライフサイクルを延ばす

④生産者は販売後も含めたバリューチェーン全体において責任をもつ

⑤繊維のエコシステムが循環型となり、焼却や埋め立てを最小限に抑え、繊維to繊維へのリサイクルを実現

1）2022年3月30日にEuropean Commissionにより発表
出所：Federation of the European Sporting Goods Industry, European Commission

する生産者の責任を、製品のライフサイクルの使用済み段階まで拡大する環境政策のアプローチがあります。

この考え方にもとづき、アパレルでも商品を販売したあとのリペア・リユースも含めて、**商品のライフサイクル全体に、メーカーは責任をもたなくてはならなくなりました。**

そして、「Fast fashion is out of fashion」という言葉が明示され、ファストファッションのビジネスモデルを改め、**サステナブルファッション**を具現化していくことを企業に求めています。

欧州で今後流通するアパレル製品は、高耐久、高品質でなくてはならないと明言されています。つまり、耐久性が低い安価なアパレル製品は、販売が認められなくなる可能性があります。

また、**リユースやリサイクルを通じた循環性、サーキュラーエコノミーが標準**になり、焼却や廃棄、衣類の埋め立てを最小限に抑えるということも示されています。

EUが標準化を狙う「デジタルプロダクトパスポート」

欧州委員会が現在導入を検討している取り組みとして、**「デジタルプロダクトパスポート（DPP：Digital Product Passport）」**という施策があります。

ＤＰＰとは、テクノロジーにより、個別商品に関する原材料調達～生産～販売～リサイクルに至るまで、ライフサイクル全体にアクセスしトレーサビリティを確保できるデータのことをいいます。

ＤＰＰを実現できれば、**CO_2排出量などの環境負荷情報、原材料におけるリサイクル素材含有率、耐久性**など、**製品のサステナビリティ・循環性に関する情報が、消費者を含めたサプライチェーン全体に共有される**ようになります。

まさに欧州が狙うサーキュラーエコノミーの実現に必要不可欠な取り組みです。

ＤＰＰは現在、新循環型経済アクションプランの一環として法制化が進められており、繊維・アパレル製品もその対象です。

また、ＤＰＰとあわせて、製品の環境負荷情報を表示することを目的とした**「テキスタイルラベル規制（the Textile Labelling Regulation）」の導入**も検討されています。

テキスタイルラベル規制とは、素材や生産、輸送などの工程において環境負荷や循環性を測定し、**商品のタグやラベルなどに購入者にわかるように情報を明示しなければならない**という規制です。**ＥＵで販売されるすべてのアパレル関連商品に適用**されます。

ただ、法律上は検討されてはいるものの、どの情報をどこまでどのように開示するのか、調整に時間がかかっています。

とくに、環境負荷の測定に用いられるとされている「ＰＥＦ」（Product Environmental Footprint、製品の環境フットプリント）の考え方に異論を唱える人も多く、関係者間での協議がつづけられています（２０２３年6月現在）。

議論がつづき、スケジュールが遅れているこれらの規制ですが、２０３０年に向け段階的に導入が進むでしょう。

実際、２０２３年６月にＥＵから発表された**「Transition pathway for the textile ecosystem」**（繊維・テキスタイル産業の循環型経済への移行に向けた道筋）という政策文書においても、ＥＵテキスタイル戦略に沿って、ＤＰＰおよびテキスタイルラベル規制の導入が示唆されています。そうなると、欧州で流通する日本のアパレル製品も、対応が求められることになります。

また、フランスではサステナブルなアパレル製品の消費を促すことを目的に、**リサイクル素材利用率、リサイクルの可否、トレーサビリティ、マイクロプラスチックファイバーの含有**をネット上で情報提供することが、早くも義務づけられました。

食品からはじまる「エコスコア（環境負荷情報）」表示

なお、このような**生活者に対する「エコスコア（環境負荷情報）」の表示は、欧州ではすでに食品領域ではじまっています**。フランスの大手小売カルフールでは、自社プライベートブランド「カルフール」などの食品に、２０２１年からエコスコアを試験導入しました。環境負荷が最も低いのが緑色のＡプラス、最も高いのが赤色のＧで、８段階で色分けされます。

色分けの評価軸は「温室効果ガス排出量」「水使用量」「水質汚染」「生物多様性の喪失量」の４分野で、データにもとづき算出・評価します。

同様の取り組みは、ドイツの大手小売のリドルや、ベルギー、オランダ、アイルランドの小売など、欧州全体に広まっています。

これらの取り組みを通じ、いずれの企業においても**消費者自身が環境負荷情報に強い関心をもっており、エコスコアが購買を左右することが明らか**となっています。

このように欧州では、生活者の環境意識の高まりにともない、さまざまな製品においてエコスコアが表示され、購入者がそれを確認するという消費行動が浸透しつつあります。

現在のところ、企業ごとにスコアがあり、統一されていないことが課題ですが、いずれにせよ**エコラベルのコンセプト自体は欧州で広く普及しつつあり、今後、アパレルをはじめ、さまざまな分野に展開**されていくでしょう。

見せかけのサステナブルを禁止する「グリーンウォッシュ規制」

同じく現在、法的な取り組みが急速に整備されている領域として、**「グリーンウォッシュ規制」**があります。

２０２２年３月、欧州委員会は新循環型経済アクションプランの骨子として、「持続可能な製品イニシアチブ（ＳＰＩ）」を発表しました（図表12）。

対象は、環境負荷の高いとされる製品で繊維・アパレルに加えて、家具、マットレス、タイヤ、洗剤、潤滑油、鉄、アルミなどが検討されています。

ＳＰＩの５番目に、グリーンウォッシュを禁止するＥＵ消費者法改正案があります。

この中で、グリーンウォッシュにつながりうるようなアクションを原則禁止する計画を発表しました。

禁止になった代表的な企業活動には、次のようなものがあります。

図表12　2022年3月31日発表の、持続可能な製品イニシアチブ（SPI）では、グリーンウォッシュの取り締まりが厳格化

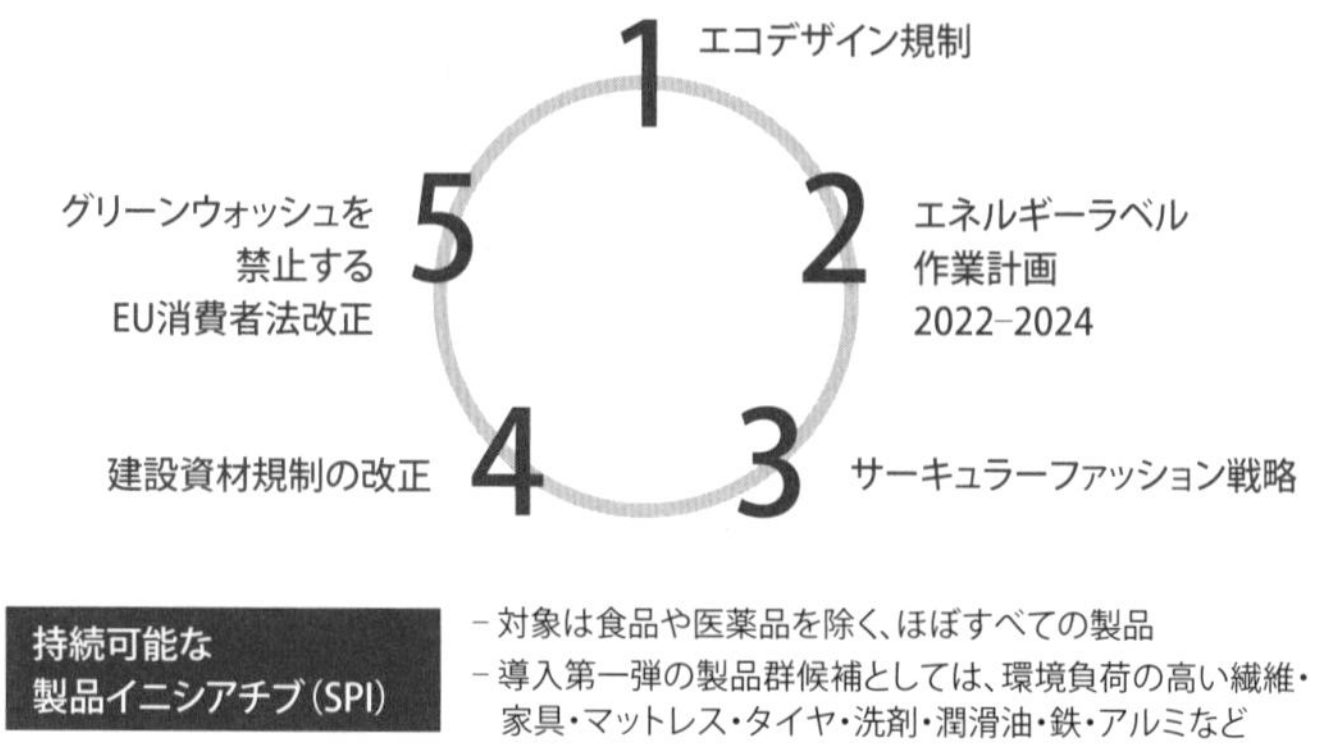

出所：EU

・「環境にやさしい」「エコ」「グリーン」といった、あいまいで検証不可能な言葉で訴求する

・実際には商品の一部にしか関係していない環境配慮の取り組みによって、商品全体をサステナブルだと謳う

・第三者機関や公的機関による検証を行っていない任意のサステナブルラベルを付与する

この発表ならびに前述したEUテキスタイル戦略が発表された２０２２年３月以降、**欧州のアパレル業界では、グリーンウォッシュの摘発が目立つ**ようになっています。

前述したとおり、同年６月にはノ

ルウェーの消費者庁がHigg Indexをマーケティング上で活用している2社に対して注意・指導を行いました。

8月には、イギリスの競争市場庁（CMA）が、ASOS、Boohoo、George at Asdaのファストファッション3社によるエコフレンドリーおよびサステナビリティ訴求に対する精査を実施しました。

調査の結果、エコとされている商品のエビデンス不足や、消費者に誤解を与えかねないミスリーディングな広告が展開されているなどの事実を取り上げ、CMAは3社へグリーンウォッシュの注意喚起を促しました。

この流れはアメリカにも飛び火し、同年大手グローバルSPA（製造小売業）が、ニューヨーク州の連邦裁判所で、同社エコ製品のエビデンス情報の真偽を問う集団訴訟にあうという事態に発展しています。

そして2022年12月には、**アメリカの連邦取引委員会（FTC）が、グリーンウォッシュに関するガイド（「Green Guides」）の10年ぶりの見直し**に向け、動きはじめました。

求められる「本気の」ビジネスモデル変革

このようにいま、欧米では、グリーンウォッシュに対する取り締まりが強化されています。

とくに、**ビジネスモデルやサプライチェーン改革に本気で踏み込まず、サステナビリティに表層的に取り組んでアピールしているアパレル企業が重点的に摘発**されている印象です。

実際イギリスでは、2030年にカーボンニュートラルを達成する宣言をしたファッションECが、CO_2の削減計画が実現性に乏しい等を理由に、発表の翌年イギリス当局の調査を受けました。

同社は安価なプライベートブランドを大量に生産・販売しており、Scope3のCO_2削減が難しいことが予想されるにもかかわらず、目標だけが発表され削減計画の具体的な中身が発表されなかったからです。

このように大量の製品供給を行っているアパレル企業は、**マーケティングで安易にエコを用いない**のはもちろんのこと、**カーボンニュートラルに向けた本気のビジネスモデル変革**を求められはじめています。

カーボンニュートラルに向けて「確実な実行」と「情報開示」が必要になる

本章の気候変動パートで説明したとおり、**カーボンニュートラルの実現は人類共通の社**

会課題です。

企業は、気候関連財務情報開示タスクフォース（ＴＣＦＤ）の要請にもとづき、CO_2の排出量をＧＨＧプロトコルに則って算出し、開示すると同時に、削減に向けた対応策を開示しなくてはなりません。

日本でも２０２２年から、東証プライム上場企業に対してＴＣＦＤ対応が課せられるようになり、一部の上場アパレル企業でCO_2排出量の開示がはじまっています。

グローバルでは、もっと以前からはじまっており、情報開示の透明性もかなり高まっています。

CO_2排出量を減らして売上を伸ばす、ザラの企業努力

たとえば、図表13は、ザラを擁するInditexにおける開示状況です（Inditex Group Annual Report 2022 / Statement of Non-Financial Information 2022からの抜粋）。

これを見ると、Ｓｃｏｐｅ１／２／３ごとに排出量が見える化され、過去5年間の排出量および削減状況がわかるようになっています。

興味深いこととしては、**Ｓｃｏｐｅ３の排出量が２０１８年から２０２２年にかけ６％削減できている一方、売上は２６１億ユーロから３２６億ユーロと、25％増加していること**です。当然売上の伸長にともない、製品の販売量も伸びています。

図表13　Inditexグループの温室効果ガス排出量の開示

Scope 1,2 and 3 GHG emissionsthCO_2 eq) 1)

GHG emissions	2022	2021	2020	2019	2018	2022–2018 change
Scope 1	11,232	14,575	11,859	15,804	19,172	−41%
Scope 2 market-based	0	47,770	98,676	293,981	419,448	−100%
Scope 2 location-based	451,430	541,492	363,717	589,547	651,266	−31%
Scope 3	17,223,485	17,097,801	13,341,462	17,988,897	18,325,553	**−6%**
Kg CO_2eq per m^2 (market based scope 1+2)	2	8	14	39	58	−97%
g CO_2eq per €（market-based scope 1+2)	0	2	5	11	17	−98%
g CO_2eq per €（market-based scope 1+2+3)	531	619	659	647	718	−26%

1）For more information on this methodology, see section *7.1.3. Environmental impact management indicators* of this Report. Our decarbonisation targets and progress towards them have not been significantly affected by the current situation of Russia and Ukraine.

出所：Inditex

このように売上成長しながら、Scope3を6%も削減したというのは、**大変な企業努力**がうかがえます。

原材料の変更、サプライヤーおよび調達先の見直し、物流網の最適化など、複数のプロジェクトを並行して走らせ、CO_2排出・削減量をモニタリングしながらサプライチェーン全体を変革していかないと、到底なしえないでしょう。

カーボンニュートラルに向けCO_2削減を実行していくためには、**科学的・定量的なアプローチ**および**プロジェクトマネジメント**が必要なのです。

大きく後れをとる日本のアパレル企業

ところが**日本では、排出量の算出もまだできていない**、あるいは**排出原単位データベースを用いて算出・開示にこぎつけたという段階のアパレル企業がほとんど**です。

素材差、産地、工程も加味して排出量をモニタリングし、削減していくことの必要性と難易度を理解している企業は少なく、**そもそも科学的・定量的なアプローチを苦手としているアパレル企業が多い**のが実情です。

とくに、ＳＢＴ認証（SBTi：Science Based Targets initiativeによって運営される国際認証制度で、パリ協定と整合性のある「温室効果ガス削減目標」を定めている企業に与えられる認証）を取得している企業の場合、**これから温室効果ガスの排出を毎年２・５〜４・２％削減していく**ことが求められています。

アパレルの場合、売上が天候の影響を受けやすく、「今年の冬は寒くて重衣料の売上が伸びた」というような話がよくあります。

一見うれしい話ですが、重衣料がたくさん売れるとCO_2排出量も増加するので、「年度が終わり排出量を計算したら、前年より増えてしまった」ということが簡単に起きてしまいます。

これを防ぐには、可能な限りタイムリーに、たとえば四半期単位で排出量をモニタリングすること、ＭＤや生産管理にCO_2排出量の積算機能をもたせ、現場で排出量と削減量をコントロールするなどの体制を構築することが必要です。

しかしながら、日本企業の多くは、サステナビリティ推進室が、年１回排出原単位データベースを活用して集計する程度で精一杯のリソースしか割けておらず、**あるべき姿と現実の乖離が大きい状況**です。

「企業からの情報開示」がより求められる時代へ

企業が開示を求められるサステナビリティレポートは、現状年１回のアニュアルレポートとともに公開されることが一般的です。

ただし、今後の気候変動問題の進捗によっては、Ｓｃｏｐｅ１／２／３の排出量について、よりタイムリーな把握と開示が求められる可能性があります。

会計では企業業績の四半期開示が当たり前になったように、とくに上場企業についてはスピードと中身が求められる可能性があると考えておいたほうがよいでしょう。

現在、**国際会計基準（ＩＦＲＳ）財団のもと、国際サステナビリティ基準審議会（ＩＳＳＢ）が国際的に統一されたサステナビリティ基準の開発**を進めています。

なかでも、欧州では先んじてＣＳＲＤ（Corporate Sustainability Reporting Directive、企業サステナビリティ報告指令）という、**第三者認証が必要なサステナビリティレポートの義務

化を検討しており、2024年から段階的に導入される予定です。

気候変動リスクをはじめとするサステナビリティ情報の開示については、より厳格にタイムリーな内容が求められていくと考え、準備を進めたほうがよいでしょう。

アパレル産業は「グローバルサウス」にどう取り組むか

昨今メディアで話題となる言葉として「グローバルサウス」があります。

グローバルサウスは、アフリカ、ラテンアメリカ、アジアの新興国・発展途上国を指し、南北問題ともいわれるように、新興国や発展途上国の多くが南半球に位置することに由来しています。

行き過ぎた資本主義やグローバリゼーションの影響で、グローバルサウスの国々は、環境、人権、貧困などの観点で、豊かな先進国（グローバルノース）の割を食ってきました。

アパレル産業もまた、グローバルサウスの問題に深く関わっています。

労働集約的な生産工程のコストを下げるために、低価格の衣料品生産の多くを、グローバルサウスが担っています。その生産現場で人権問題や環境汚染が発生していることは、すでに述べたとおりです。

図表14　主要国の１人あたり二酸化炭素排出量、及び排出量比較（2020年）

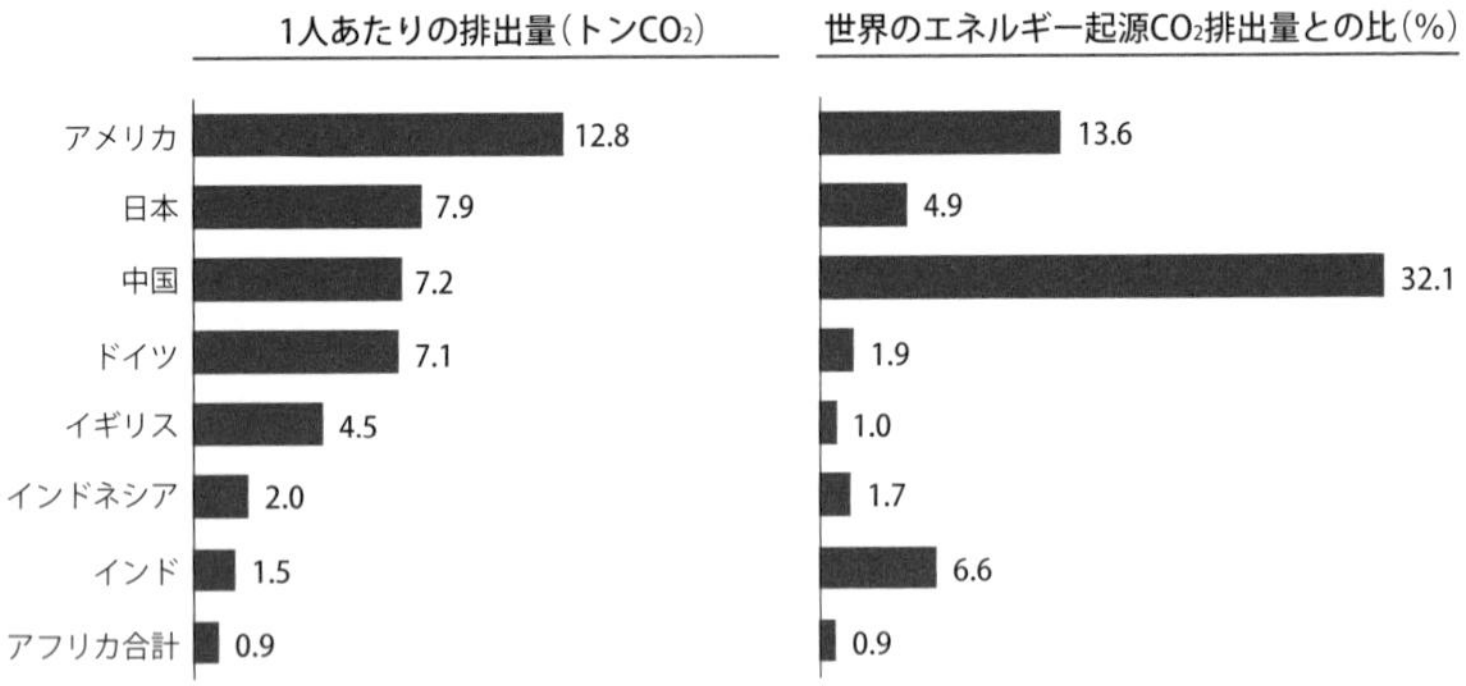

出所：EDMC「エネルギー・経済統計要覧2023年版」

欧州が主張する脱・ファストファッションや、生産量を下げることは環境保全上必要ですが、同時に**グローバルサウスの生産現場に影響が出ること**を考慮しなくてはなりません。

実際、コロナ禍に見舞われた２０２０年、バングラデシュではグローバルＳＰＡからの注文キャンセルで商品が溢れかえりました。

同様のことは、**「世界の縫製工場」**といわれる中国の広州でも起きています。

なお、**バングラデシュの輸出額の約85%は衣料品**であり、量を減らすには産業構造そのものの転換が必要です。

量の削減に向けては、**段階的かつ包摂的なアプローチが必要**でしょう。

また、本章で取り上げている温室効果ガスの排出抑制についても、グローバルサウスからの反発が多い、難しい問題です。

というのも、**いま問題となっている気候変動の原因は、これまで先進国から排出され、蓄積されてきた温室効果ガスによる影響が大半**だからです。

たとえば、アフリカの国々から出るCO_2排出量は、全部合わせても日本の3分の1以下、1人あたりの排出量では8分の1以下です。

我々先進国の豊かな暮らしは、化石燃料をはじめとする多くのエネルギー、CO_2排出のうえに成り立っています。

今後、新興国のアパレル企業が台頭してきた際に、先進国の企業が課せられているようなカーボンニュートラルに向けた制約を課すべきか否か、さまざまな議論が起きるでしょう。

日本でも「新たなガイドラインやルール」が誕生する

カーボンニュートラルの実現およびアパレル・繊維業界における循環型経済の構築に向け、日本でも政府や官公庁での議論がはじまっています。

今後、アパレル・繊維業界にどのような規制枠組みが課せられる可能性があるのでしょうか。

まず、業界横断的な施策として、**「カーボンプライシング」**が検討されています。

カーボンプライシングとは、企業などが排出するCO_2に価格をつけ行動の変化を促す政策手法ですが、実務では「炭素税」や「排出量取引」など複数の手法があります。

政府が掲げた２０３０年度CO_2 46％削減、２０５０年のカーボンニュートラルを実現するためには、あらゆる分野で可能な限りの取り組みを進めることが必要です。

そのために、広範囲な対象をカバーできるカーボンプライシングについて、最大限の活用が検討されています。

環境省と経済産業省により検討された**「成長志向型カーボンプライシング構想」**によれば、日本では**「炭素税」「自主的なクレジット取引」「排出量取引」**の３つを組み合わせた制度検討が進められることになりました。

具体化はこれからですが、炭素に対する賦課金は２０２８年度から、排出量取引は２０２６年度から本格稼働、２０３３年度から段階的に有償化とされています。

企業が排出したCO_2が「コスト」となる時代はもうすぐ来る

欧州のように、**企業が排出したCO_2が「コスト」となる時代はもうすぐ来る**と考えたほうがいいでしょう。

また、アパレル・繊維業界向けには、経済産業省と環境省が共同で委員会を設置し、さまざまな施策を検討しています。

たとえば、欧州のエコデザイン規制のように、環境視点から製品のデザインや設計の**「環境配慮設計ガイドライン」**を制定することが決まりました。

そして、現状あいまいになっているリサイクル繊維の定義、評価方法、配合率の計算方法および表示方法を規定したＪＩＳ規格、ＩＳＯが開発されます。

また、サーキュラーファッションを実現していくために、繊維to繊維のリサイクルの実現に向けた大規模な事業も行われ、東レ、帝人フロンティア、神戸大学等により、繊維資源循環に関する共同プロジェクトが実施されることになっています。

欧米と日本では法体系が異なるので、日本では禁止や罰則をともなう強い施策はなかなか出せません。

他方、経済産業省および環境省を中心に、衣類のライフサイクルすなわち製造・販売・回収・分別・再生という各プロセスにおいて幅広い施策検討が進められており、**図表15に示すような方向性が示されています。**

今後、さまざまなガイドラインやルールが設けられていくでしょう。

図表15　繊維製品の資源循環システム構築に向けた課題と取組の方向性まとめ

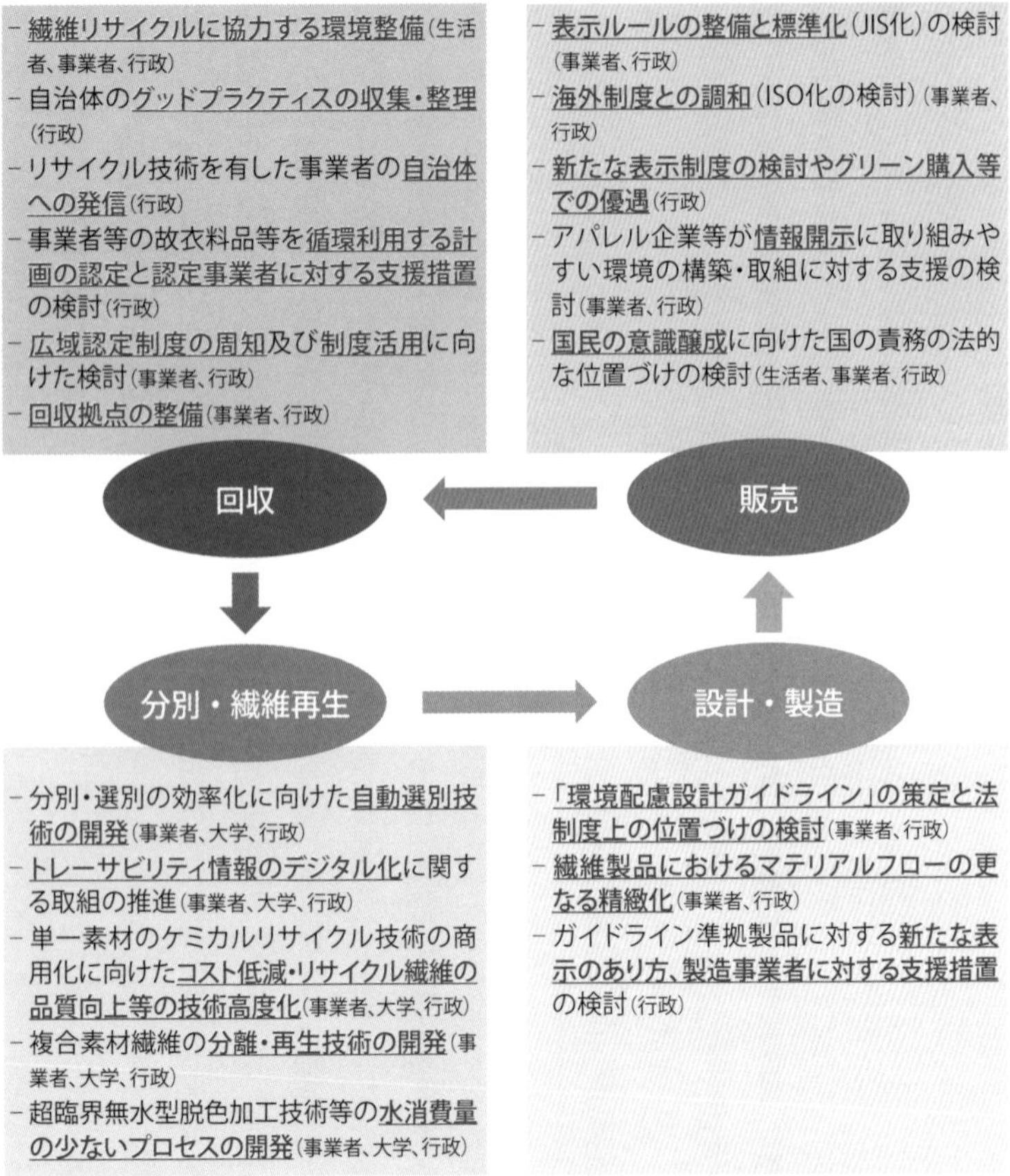

出所：経済産業省「繊維製品における資源循環システム検討会」

コラム

衣・食・住の中で、CO_2排出量が最も大きいのは？

本書では、アパレルを切り口に生活者のライフスタイル、そしてそれを支える企業のビジネスをどう変えるべきか検討しています。

ここまで「衣」を中心に扱ってきましたが、そもそも「衣・食・住」の中で、日本において温室効果ガスの排出量が最も大きいのはどの領域でしょうか。素朴な疑問ですが、知っておきたい話です。

答えは、**最も排出量が大きいのが「住」、次に「食」、そして最後に「衣」**です。

アパレル関係者は、そのわりには**アパレルがやり玉に挙げられている**と感じるかもしれません（筆者もそう思います）。

ただそれは、冒頭にも指摘したように、**「時代の趨勢を表現する」というファッションの存在意義**と関係しているように思えます。

図表16は環境省が公表している消費ベースでの日本のライフサイクル温室効果ガス排出量です。このグラフによれば、日本では住居が18％、食11％、アパレル等の消費

図表16　消費ベースでの日本のライフサイクル温室効果ガス排出量

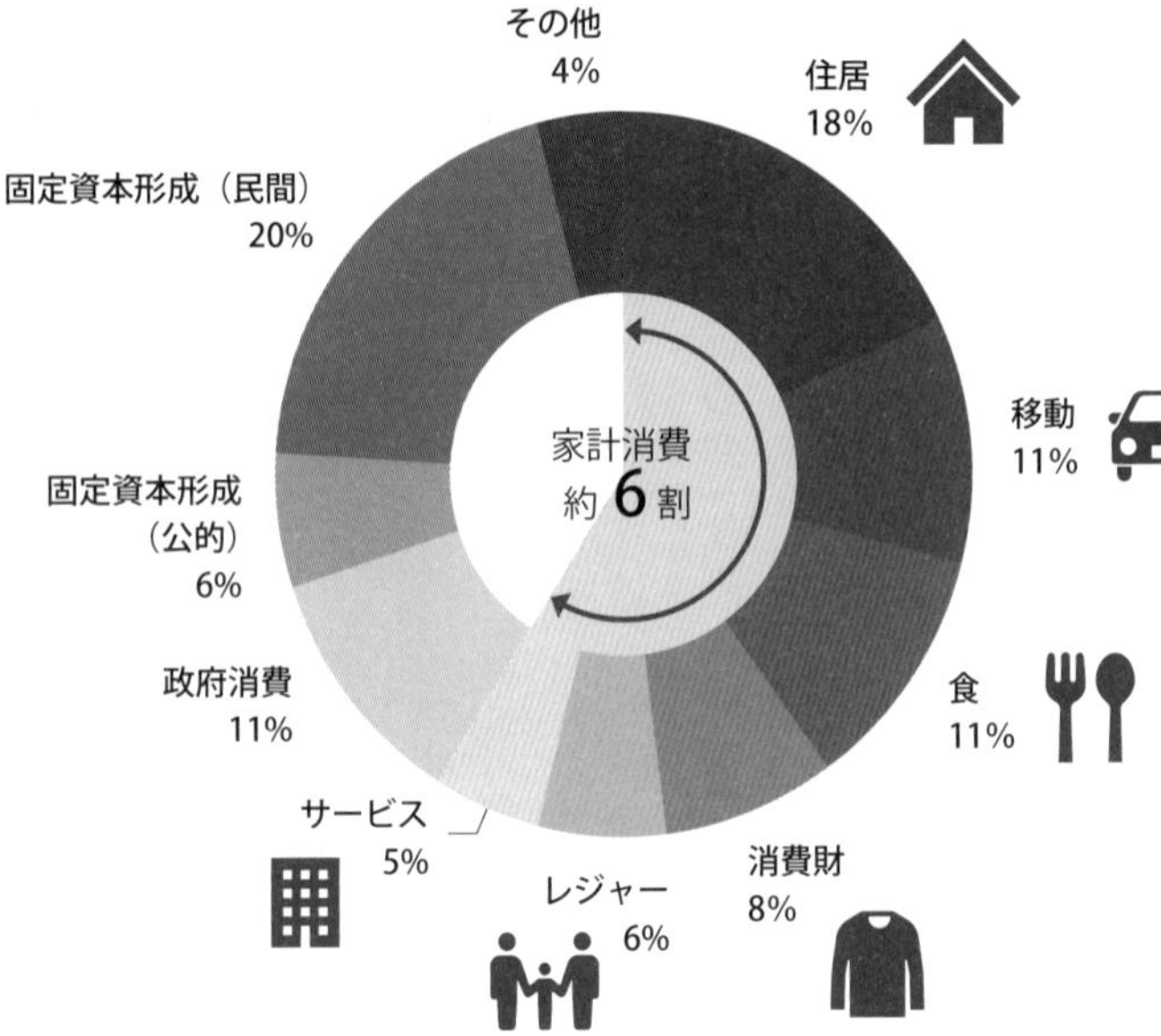

資料：南斉規介（2019）「産業連関表による環境負荷原単位データブック（3EID）」（国立環境研究所）
https://ondankataisaku.env.go.jp/coolchoice/about/action_required.html
出所：Resources, Conservation & Recycling 152 104525、総務省（2015）平成27年度産業関連表に基づき国立環境研究所及び地球環境戦略研究機関（IGES）にて推計

財は8%の構成比となります。

それぞれの排出量と、その背景について簡単に解説しましょう。

まず「住」ですが、住宅の建設や電気・ガスの利用は、直接的・間接的にCO_2を排出します。

とくに、**コンクリートやセメントの生産は大量のCO_2を排出します。**

たとえば、セメント1トンあたりのCO_2排出量は0・75〜1トン程度ありますが、世界では毎年40億トン以上のセメントが生産されています。

つまり、セメントの生産だけで、約40億トンのCO_2を排出する計算になります。

世界中でコンクリート建造物の建設がつづく限り排出がつづいてしまうため、低炭素型のセメントやCO_2回収型セメント製造プロセスなどの研究が進められています。

また、暖房や冷房のための電気を天然ガスや石油などの化石燃料に頼っている場合、

そこから出るCO_2排出も見逃せません。

日本の場合は再生エネルギーではなく化石燃料が多いので、住居からの温室効果ガスはどうしても増えてしまう傾向にあります。

次に「食」です。

食分野の温室効果ガスの排出量の中でとくに多いのが、**畜産業からの排出**です。

ＦＡＯ（Food and Agriculture Organization of the United Nations、国連食糧農業機関）によれば、畜産業から排出されている温室効果ガスはCO_2換算で約71億トン、世界の温室効果ガス排出量（約５１０億トン）の約14％に相当します。

牛などの反すう動物は、消化の過程でメタンガスを発生させ、げっぷやおならにメタンガスが含まれます。

メタンガスには、二酸化炭素と比べ約28倍の温室効果があるため、その影響は軽視できません。世界には約10億頭の牛が牛肉と乳製品のために育てられており、畜産業におけるCO_2削減は食分野の大きなテーマです。

このように、「衣・食・住」全体から見てみると、**カーボンニュートラルのためにはファッションだけでなく、肉食文化の見直しや住居の省エネ化など、現代人のライフスタイル全体の見直しが必要**なことがわかります。

第3章

2040年に向けて予想される大きな「8つの事業環境変化」とは？

ここまで、第1章ではアパレル業界の市場動向、第2章ではサステナビリティの現状と潮流について説明しました。

第3章では、それらの流れを受けて、中長期的にアパレル業界でどのような事業環境の変化が起こりうるのか、予測していきます。

変化1 大手によるシェア拡大と中堅企業の淘汰が進行する
――生き残る企業、ふるい落とされる企業の違いとは？

過去を振り返ると、**アパレルに限らず多くの消費財において、上位企業によるシェアの拡大**が起こっています。

多くの消費財で市場の成長が緩やかとなる中、DXなど勝ち残りに向けて必要な投資は増えつづけています。

また、大手企業によるM&Aや合従連衡も起こり、結果として上位企業のシェアは拡大傾向にあります。

市場がフラグメントなアパレル業界もご多分に漏れず、2017年から2022年にか

図表17　業界上位10社によるシェアの変化

	電化製品	アルコール飲料	化粧品	アパレル
2017年	52%	51%	42%	10%
	+7	+2	+2	+2
2022年	59%	53%	44%	12%

出所：Euromonitor

け、上位10社による市場シェアは2ポイント上昇し、12%となりました（図表17）。

この中には、統計上で確認できるようになってから、わずか3年でシェアを1%弱にまで伸ばした**SHEINのようなデジタルファストファッション**も含まれています。

このように、消費財で広く見られる上位企業のシェア拡大ですが、今後はアパレルのように環境負荷の高い消費財業界ほど、その速度が速まるのではないかと見ています。

「上位企業のシェア拡大」と「中堅企業の淘汰」がいっそう進む理由

その理由は大きく分けて3つあります。

理由①　環境対応の取り組みができない企業は淘汰される

ひとつめは、**環境負荷を下げるグリーントランスフォーメーションに必要なコストが大きい**ことです。

第2章で説明したように、カーボンニュートラルをはじめとするサステナビリティ対応を成し遂げるためには、多くの人的リソースとマネーを投じなくてはなりません。

たとえば、自社の環境負荷を製品単位で可視化し、CO_2排出量や水使用量などのKPIごとに削減計画を立て、アクションプランに落とし込み、実行していくためには、大変な労力がかかります。

実際グローバルSPAの大手では、それらを担う組織に数十人単位の人員を割いています。

また、グリーントランスフォーメーションに必要なスタートアップ・技術への投資や、販売後のリセール・リペアプログラムの立ち上げなど、多くのマネーも必要となります。

現実問題として、**このような投資を行える企業は一部に限られます。**

一方で、（気候変動問題の悪化状況にもよりますが）中長期的に環境対応の取り組みを企業に求める強制力が社会的に増していくことは確実です。

この流れについていけない中堅企業は、必然的に淘汰されていくでしょう。

市場には、**勝ち残った一部の大企業と、上場企業が受けるような厳しい制約を受けない規模の中小アパレルが残る**という構図になると思われます。

理由② 「市場のレッドオーシャン化」で競争が激化する

2つめは、**市場成長が止まる中で、企業間競争の激化が進む**ことです。

第1章で説明したように、マクロで見るとアパレル市場全体の成長は、グローバルでも実質ベースではほぼ見込めない状況です。

伸び悩む市場では、企業の成長は限られたパイの奪い合いにより達成されることになり、レッドオーシャン化が進みます。必然的に**M&Aや企業の合従連衡**も進むでしょう。

このような中で、中小企業であればニッチ戦略をとることで生き残るオプションもありますが、**一定の規模がある中堅企業ほど、競争激化の影響を受けやすい**という構図になります。

理由③ 多極化にともない、「ニッチなアパレルビジネス」が増加する

最後は、**インフルエンサーやD2C（Direct to Consumer）の増加による「多極化」の**

進行です。

前著にて、今後アパレル業界では二極化と多極化が同時進行することを説明しました。市場成長力のあるラグジュアリーとマスでは、Ｍ＆Ａや勝ち組グローバルＳＰＡの成長により大手のシェアが高まる一方、**中価格帯を中心にデジタルを効果的に活用した個人や中小企業の「ニッチなアパレルビジネス」が増加する**からです。

すでに、多くのアパレルＤ２Ｃが市場で台頭していることは、読者のみなさんもよくご存じでしょう。

最近では**「P2C（Person to Consumer）」**と呼ばれる、**個人を起点としたアパレルビジネス**も増えています。

とくにライブコマースが根づいている中国では、著名なインフルエンサーがＰ２Ｃで数百億円のアパレル事業を展開するようなケースも出てきています。**日本でも、芸能人やインフルエンサーが個人でアパレルビジネスを展開している**のをよく耳にするでしょう。

これら個人や中小のアパレル事業にサステナビリティの規制をかけることは当面難しく、社会のデジタル化が進む中で、**D2CやP2Cは今後も増える**ことが予測されます。

そして、このようなビジネスが増えていく影響を一番受けやすいのが、低～中価格帯で一定規模のアパレルビジネスを営む中堅企業となります。

以上のような要因が重なることで、２０４０年までの長期の時間軸で見ると、**アパレル**

業界においても「大手によるシェア拡大」と「中堅企業の淘汰」が進んでいくと考えられます。

変化 2

CO_2排出を巡るグリーンウォッシュ論争が過熱する

――環境への取り組みこそが、企業価値を高めるカギとなる

第2章でも触れましたが、現在、グローバルでは国際会計基準（IFRS）財団のもと、国際サステナビリティ基準審議会（ISSB）が国際的に統一されたサステナビリティ基準の開発を進めています。

世界で求められる企業の「サステナビリティレポート」

その中で欧州では先んじて「CSRD（Corporate Sustainability Reporting Directive、企業サステナビリティ報告指令）」という、**第三者認証・監査が必要なサステナビリティレポートの導入**を決めました。

企業はその報告書の中で、気候変動をはじめとする環境問題への取り組み、人権の尊重、多様性などについて、現状と取り組み状況について開示を求められるようになります。また、報告書の開示は現在のところ従業員数５００人以上の企業に課せられるとされ、対象はＥＵ全体で約５万社にものぼり、一部の企業では２０２４年の会計年度から適用がはじまります。

なお、アメリカではニューヨーク州で、「ファッションアクト」というアパレル企業にサステナビリティレポートの作成を求める法律が検討されています。

この法律の適用先は売上高1億ドル（約１５０億円）以上の企業で検討されており、**従業員５００人や売上１億ドルといったラインが**、現状グローバルにおける開示適用のボーダーとなりそうです。

このようなサステナビリティに関する開示義務と監査の枠組み・ルールは、中期的にグローバルで企業に課せられるようになります。**会計基準と同じくグローバル標準が決まるので、日本企業だけガラパゴス化して逃れることはできません。**

「不透明・不正確・あいまいな環境対応」はやり玉に挙げられる

サステナビリティレポートの作成・開示が当たり前の世の中になると、次に問われるのはその中身、質になるでしょう。

とくにCO_2排出量のモニタリング、削減に向けたアクションプランについては、カーボンニュートラルにつながる重要な項目であり、その精度が問われるようになります。

実際に、イギリスのファッションＥＣが、削減計画が不透明にもかかわらず２０３０年にカーボンニュートラル達成宣言をして当局の査察を受けたことは述べましたが、**今後は会計監査のように、環境対応について第三者監査が入るようになるのは確実**です。

第2章で説明したように、アパレル企業のＳｃｏｐｅ3算出は、非常に煩雑なプロセスです。

とくにCO_2排出の多くを占めるものづくり工程からの排出については、素材・産地・工場・生産工程など、どこまで分解して掘り下げるか、**企業努力が問われる分野**です。

この部分の算出方法やCO_2削減計画に不透明さがある場合、グリーンウォッシュの指摘を受ける可能性が生じます。

すでに一部の消費者団体やメディアは、大量に衣料品を生産しているグローバルＳＰＡの削減計画に対し、**「大量生産のビジネスモデルを変えずにカーボンニュートラル目標を掲げることはグリーンウォッシュである」**と指摘しはじめています。

また、グローバルＳＰＡの中でも、**批判される企業とそうでない企業**が分かれはじめており、企業側も対応を急いでいます。

このように、当面の間CO_2を巡るグリーンウォッシュ論争は過熱するでしょう。

なお、既述のとおり、残念ながら本分野における日本のアパレル企業の取り組みは遅れています。上記で述べたようなグローバル基準で問題に対処しているのは、**ファーストリテイリングなど一部の企業**に限られます。

むしろ、コストがかからない排出原単位データベースを活用した算出方法で横並びしようという動きも一部見られ、抜本的なまき直しが必要でしょう。

具体的な削減施策・モニタリングにつながらないざっくりとした算出のみでは、カーボンニュートラルの実現はままなりません。

このままだと、中期的にはグリーンウォッシュ論争に巻き込まれるリスクを背負うことを、企業は改めて認識すべきかと思います。

変化3

メタバースが新たな成長領域になる

——「デジタルファッション」はアパレル業界の次の市場となりえる

物理学者の長沼伸一郎さんは、名著『現代経済学の直観的方法』の中で、**「成長を続けなければならないというのは、資本主義というシステムが必然的に持たざるを得ない一つの宿命だからである」**と指摘し、資本主義が本質的に止まれないシステムであることをわかりやすく説明しています。

これをアパレル業界に当てはめてみましょう。

第1章で、**旧来型のアパレル市場ではもう量的成長は見込めないこと**を説明しました。資本主義の枠組みで活動している多くのアパレル企業は、当然、**「新しい成長領域」**を求めます。

その領域として、中長期的に期待されているのが**「メタバース」**です。

なぜなら、**質量をともなわないメタバース空間でのファッションは、リアルファッションと異なり、サステナビリティの問題から解放される**からです。

このメタバース×ファッション分野ですが、図表18のように横軸に着用主体（人かアバターか）、縦軸に対象空間（現実世界かメタバースか）に分けると、従来のファッション領域に加えて、次の**3つのビジネス機会**が見えてきます。

ビジネス機会①　デジタルでのメタバースファッションの拡大

ひとつめのビジネス機会が、**デジタル空間でのメタバースファッションの拡大**です。

「メタバース×ファッション」というと、一般的にはこの領域を想像する人が多いでし

図表18　メタバースファッション領域の拡張

拡張の方向性の全体像

対象空間＼着用主体	人が着用	アバター等のデジタルキャラクターが着用
現実空間で表現・体験	**リアルファッション体験のデジタル技術による高度化** －【XR】ARを活用したデジタル試着 －【XR】AR／MRを活用したデジタル衣服の着用・SNSへの投稿 －【メタバース】アバターのデジタルファッションを、リアルな衣服に替えて現実世界で着用	**③現実世界におけるメタバースファッション** －【メタバース×XR】リアルにMR／ARでアバターを表示させ、そこでアバターに特別なデジタル衣装を着せる楽しみ方の拡大
デジタル空間で表現・体験	**②リアルファッションのメタバース空間への浸透** －【メタバース×XR】VR空間でランウェイ・ショッピング体験 －【メタバース×XR】リアル空間でMR／ARを通じて人が着用している服を見ると、変化して見える	**①デジタルでのメタバースファッションの拡大** －【メタバース】人が着る服やモノを仮想空間にコンバート（遊び向け・広告として） －【メタバース】アバターの服の生成の容易化

出所：著者作成

よう。

代表的なのは、ゲームやメタバースプラットフォームにおける「アバタースキン」と呼ばれるゲーム内コスチュームに対する課金です。

世界的に見て、**生活者のゲーム内課金は増加傾向にあり、２０２５年には２兆円を超える市場規模**となる見込みです。

実際、メタバースゲームで有名な「フォートナイト」の年間課金売上は３０００億円を超え、日本企業ではアダストリアやワールドを凌ぐほどの売上規模となっています。

こうした中、２０２１年には**バレンシアガが「フォートナイ**

ト」で、グッチがメタバースプラットフォームの「ロブロックス」でコラボレーションを行うなど、メタバースファッション市場は徐々に盛り上がりを見せています。

日本からも、2023年に**ZOZO NEXT**がデジタルファストファッションブランド**「REVINAL」（リビナル）**を立ち上げ、デジタルファッション取引サイトのDRESSXで販売をはじめています。

また、2021年に**ナイキがデジタルスニーカーブランドである「RTFKT」（アーティファクト）を買収**したことも記憶に新しいでしょう。

ナイキは、ロブロックスにおいてもナイキランドを開設しており、ミニゲームを通じてナイキファンがメタバース上でコミュニケーションをとれる場を設けています（なお、2023年7月現在、ロブロックスの月間アクティブユーザー数は2億人を突破しており、この数は増えつづけています。アメリカでは10代の2人に1人がロブロックスのユーザーであり、ロブロックスは若年層の開拓に有効なデジタルプラットフォームとなっています）。

現在、メタバースファッション市場は黎明期ですが、**メタバース空間にアクセスする人が増えるにつれて伸びることは確実**です。

テクノロジー分野を専門とするリサーチ会社ガートナーの調査によれば、**2026年までにメタバースは世界人口の約25%が1日1時間以上、仕事、勉強、ショッピング、交流を行う場所となる**としています。

この過程で普及のポイントとなるのが、**メタバースにログインする「動機」の拡大・多様化**です。

現在、メタバース利用者の多くが、ゲーム利用を動機としています。

他方で、メタバースには教育や経済活動、そしてＳＮＳなどを目的に多くの可能性があり、今後これらのログイン動機の拡大により利用者の増加が予想されます。

とくに、メタバースでのＳＮＳ利用やライブ・エンターテインメント分野のメタバース利用が一般化してくると、ログイン人口は飛躍的に伸びるでしょう。

それにともない、**メタバースファッションへの課金も成長が見込まれます**。

実際、２０２０年にトラヴィス・スコットがフォートナイト内でライブを開催した際には、世界で１２００万人が同時接続を行い、思い思いのファッションでライブを楽しみました。

また、衣服のデザインを３Ｄバーチャルシミュレーションできるソフトウェアを提供するCLO Virtual Fashionは、２０２３年フォートナイトで有名なEpic Gamesと資本・業務提携を行いました。

狙いは、Epic Gamesが提供するメタバース空間に、ＣＬＯの３Ｄファッションデザインをエクスポートするなど、相互互換性をもたせることにあります。

このように、ファッションとメタバースは急速に距離を縮めており、**現在はまさにメタバースファッションの黎明期**にあるといえるでしょう。

ビジネス機会② リアルファッションのメタバース空間への浸透

2つめのビジネス機会が、「リアルファッション×メタバース」の分野です。

たとえば、**「メタバース上で気に入ったキャラクターやインフルエンサーのファッションを現実世界でも着たい」**、逆に**「リアルファッションを3Dに置き換えてデジタルファッション化したい」**といったニーズです。

人々のメタバースでのログイン時間が長くなり、仮想空間と現実世界を行き来するようになればなるほど、このような相互ニーズは伸びるでしょう。

たとえば、**日本発のデジタルファッションブランドのchloma（クロマ）**は、リアルファッションとデジタルファッションの両面をカバーし、実物の服とアバター向けの服のセット売りやゲーム上でのアパレル販売等、リアルとバーチャルの垣根を越えた事業を展開しています。

メタバース空間上でのSNSに、リアルでお気に入りのファッションやバッグを持ち込みたいというニーズが生まれるかもしれません。

近い将来ラグジュアリーブランドが、リアルのバッグとメタバース上での利用権をセットで販売することが当たり前になるかもしれません。

ビジネス機会③　現実世界におけるメタバースファッション

最後に、忘れがちなビジネス機会が、**現実世界でのメタバースファッション**です。

この領域では、メタバースといってもＶＲ（仮想現実）ではなく、**ＭＲ（複合現実）やＡＲ（拡張現実）**が主となります。

メタバースというと仰々しいヘッドセットを装着したＶＲをイメージする人も多いと思いますが、現実には今後、ＭＲやＡＲの利用者が飛躍的に伸びます。

たとえば、**アップルが２０２３年に発表したApple Vision Pro**も、ＭＲグラスの一種です。

中長期的にはこれらのデバイスが低価格化とともに徐々に普及し、現実世界でのメタバースファッションも拡大する可能性があります。

ＭＲ／ＡＲグラスが普及すると、現実世界でどのようなメタバースファッションが生まれるのでしょうか？

たとえば、グラスを通じて見ることで、**現実に着ている服に装飾が施される、ブランドのロゴが見える**といったことが可能となります。

そのころには、ＳＮＳもＭＲ／ＡＲの世界に浸透して、たとえばＡＲグラスでインフルエンサーの着ている服のブランドや値段がわかるなど、**インスタグラムを現実に落とし込んだようなＳＮＳ**が出てくるかもしれません。

また、中期的にはＡＲを活用したデジタル試着も普及し、ＥＣや店舗でのＡＲ利用は当たり前になるでしょう。

このように、一口にメタバースファッションといっても、さまざまなビジネス機会や切り口が存在しており、ゲームのアバターファッションだけではありません。

ARやMRを効果的に活用すれば、顧客体験を刷新することも可能です。また、アパレル小売企業は、①〜③までを横断する形でトークン（暗号資産）を活用した、トークノミクスに参入することもできます。

トークノミクスとは、トークンによる経済圏をつくる概念です。

たとえば自社のポイントやデジタル商品にNFT（非代替性トークン）を付与し、流通させることで、新たな経済圏をつくるようなモデルで、アメリカではすでにナイキやスターバックスがはじめています。

雲をつかむような話に聞こえるかもしれませんが、これらのビジネスであれば、アパレル企業がサステナビリティの観点で批判を受けることはありません。

資本主義がつづく限り、多くのアパレル企業は必然的に成長を求めます。

メタバースに実感がもてない人は否定的かもしれませんが、リアルでの量的成長が難しい以上、企業によるメタバースビジネスの探索はつづくでしょう。

変化 4

リジェネレーション（環境再生型事業）が拡大する

――サステナビリティの一歩先を行く「再生」へのアプローチ

読者のみなさんは、**「リジェネレーション（Regeneration）」「リジェネラティブ（Regenerative）」**という言葉を聞いたことはありますか？

再生という語意をもつ「リジェネレーション」は、サステナビリティをより進めたコンセプトとしてグローバルで注目を集めています。

地球環境を持続可能にするだけではなく（サステナブル）、**すでに壊してしまった多くの地球環境を再生し（リジェネラティブ）、すべての生き物にとってよりよい状態に戻す**ことを目指す考え方です。

CO_2排出問題であれば、排出量のネットゼロを目指すカーボンニュートラルでは不十分ととらえ、**CO_2の総量を減らしていくカーボンネガティブ**を目指します。

世界経済フォーラムでは、リジェネラティブなアプローチを、**「人的資本と天然資源の両方を保護、回復、補充するためのシステム思考」**と定義しています。

「リジェネレーション」と「サステナビリティ」の違い

リジェネレーションは次の2つの点で、これまでのサステナビリティと異なります。

- **リジェネレーションはマイナスの影響を減らすのではなく、正味でプラスの影響を達成しようとする**
- **リジェネレーションは事業による直接的な影響だけでなく、事業が行われる広範囲なシステムに焦点を当てている**

このようにリジェネレーションは、地域や世代を超えて自然や生態系を回復させながら、人間の幸福と平等を実現するために経済を再構築するシステム思考であり、これまでのアプローチとは根本的に異なるものとして、昨今ムーブメントになりつつあります。

リジェネレーションはすでに農業分野において広まっており、アメリカでは**「リジェネラティブ農業」**、日本では**「環境再生型農業」**と呼ばれています。

リジェネラティブ農業は、**農地の土壌の健全性を保つ**だけではなく、**土壌を改善しながら自然環境の回復につなげる**ことを目指します。

一般的に、土壌は健全であればあるほど多くの温室効果ガスを吸収するため、リジェネラティブ農業は気候変動対策のひとつとして有効なアプローチと考えられています。**地球上の陸地の約46%を占める農耕地のCO_2吸収力**が上がれば、効果的な温暖化対策になるというわけです。

農業や食品会社によるリジェネレーションの取り組み

たとえば、北海道にリジェネラティブ農業のひとつ、放牧酪農により乳・卵製品やお菓子をつくっている**ユートピアアグリカルチャー**という会社があります。

プレスバターサンドやチーズタルトで有名な**スイーツのD2Cスタートアップ企業BAKE**を立ち上げた長沼真太郎さんが代表を務めており、日本国内でリジェネラティブ農業に取り組む、数少ない企業のひとつです。

ユートピアアグリカルチャーのミッションは、放牧による乳卵製品やお菓子の製造販売を通じ、人・動物・環境に負荷がなく、持続可能なビジネスを実現すること。

具体的な取り組みとしては、放牧酪農でのCO_2マイナス効果を中心に、北海道大学と共同で持続可能な酪農を研究しています。

放牧酪農は、牛が地面を踏み歩き、糞尿を返すことで土壌の微生物を増やし、その微生物の働きで土壌が吸収・隔離できるメタンガスやCO_2などの温室効果ガスを増やせるとして、現在実証研究が進められています。

大手企業では、食品会社の**ネスレ**が温室効果ガス排出量を実質ゼロにするための取り組みとして、リジェネラティブ農業を推進することを発表しています。

具体的には、２０２５年までに主要な原材料の20%をリジェネラティブ農業により調達し、２０３０年までにその比率を50%に高めることで、リジェネラティブ農業から原材料１４００万トン以上の調達を行うことを目標にしています。

同じく消費財大手のユニリーバが擁する**クノール**は、２０２６年までに50のリジェネラティブ農業プロジェクトを立ち上げ、生物多様性、土壌の健全性を改善しながら、温室効果ガスの排出と水の使用量を30%削減する目標を立てています。

アパレルではいち早く取り組んだパタゴニア、後続企業も増加中

アパレル業界でリジェネレーションにいち早く取り組んだ企業としては、**パタゴニア**が有名です。

２０１２年に食品事業「プロビジョンズ」を立ち上げ、リジェネラティブ農業を取り入れた食料品の生産に力を入れています。

また、２０１７年には、リジェネラティブ・オーガニック認証制度を立ち上げ、現在その認証を取得した綿花農家を増やすことで、リジェネラティブ農業を広める取り組みに注

力しています。

　このような中、現在、リジェネレーションに取り組みはじめるアパレル企業が増えています。

アパレルの原材料調達には、綿花栽培や牧羊など自然に関わるものが多く、リジェネラティブ農業のアプローチを取り入れやすいからです。

　たとえば、２０２１年に**ザ・ノース・フェイス**はアグリテック企業のIndigo Agと組み、綿花の栽培に同社のリジェネラティブ農法を取り入れ、CO_2排出量の削減と栽培地周辺の生物多様性を回復させるプロジェクトを行うと発表しました。

　２０２３年には、**ステラマッカートニー**がリジェネラティブコットンを１００%使用したＴシャツを発売。ステラマッカートニーは、現在のファッション業界においてリジェネラティブ農業は不可欠だとし、調達元であるトルコのソクタス社のリジェネラティブ農場拡大に取り組んでいます。

　このように、アパレル企業にとってリジェネレーションは、**原材料調達と新規事業機会という2つの観点で重要なコンセプト**であり、今後踏み込んでいく企業は増えていくことが予想されます。

変化 5

生成ＡＩ（ジェネレイティブＡＩ）が業界の進化と混乱をもたらす

――「攻め」と「守り」の活用と、ＡＩ特有のリスク

ＯｐｅｎＡＩが２０２２年11月にＣｈａｔＧＰＴを発表して以来、世界中で生成ＡＩ熱が高まっています。

生成ＡＩは、文章だけでなく画像、動画、音声などさまざまなアウトプットが可能で、今後ビジネスや日常生活におけるさまざまなシーンで利用されるようになるでしょう。

また、現在はインプット、アウトプットする情報ごとに種類が分かれている生成ＡＩですが、今後は文字だけでなく画像、映像、音声を同時入力し読みとるマルチモーダル型に発展していくといわれています。

生成ＡＩは、アパレル業界においても、さまざまな可能性を秘めています。

ここではアパレル業界の生成ＡＩ活用を、**「攻め」**と**「守り」**の側面から考えてみます。

図表19　生成AIの種類

	詳細	具体例
文章生成AI	• 質問を入力すると、AIが内容を理解・解析して、回答を文章で作成する • 基本的にはWEB上でクローリングされた情報が回答のベースとなるため、ユーザーは正誤判断が必要	・ChatGPT ・Bard
画像生成AI	• つくりたい画像をテキストで入力。または学習元となる画像を読み込ませる。AIが内容を理解し、画像を作成する	・Midjourney ・Stable Diffusion
動画生成AI	• つくりたい動画のイメージをテキストで入力。AIが内容を理解し、イメージに沿った短い動画を作成する	・Make-a-Video ・Phenaki
音声生成AI	• 音声を入力するとその音声の特徴を学習し、新しい音声データを生成する	・Voicevox ・VALL-E

出所：著者作成

企画やマーケティングなど「攻め」の生成ＡＩ活用

「攻め」の生成ＡＩ活用は、アパレル企業がユーザーに対する付加価値向上のために生成ＡＩを活用することを指します。

具体的には、**「企画・デザイン」「マーケティング・販売」「店舗オペレーション」といったバリューチェーン上のプロセス**で活用可能性です。

企画・デザインにおいては、生成ＡＩがクリエイティブの一助となります。

ラグジュアリーブランドでは、過去のアーカイブ作品やインスピレーションとなるコレクションのテーマから、

ＡＩがクリエイティブチームに画像や動画をインプットするようになり、ブレストのレベルを向上させ、**クリエイティブ作品をより充実**させるでしょう。

ファストファッション企業では、トレンドや売上実績から生成ＡＩがデザインアイデアを提案するようになり、**デザインチームの生産性を向上**させます。

マーケティング・販売においては、**パーソナライズされた顧客とのコミュニケーションやＥＣ上での顧客体験向上**が期待できます。

たとえば、古典的なＥメールによるマーケティングにおいても、生成ＡＩが顧客属性や好みに合わせてテキストを生成することで、**広告効果を高める**ことができます。

ＥＣでは、デザインや提案する商品をユーザーの好みに応じて動的に組み替えることで、**顧客体験を刷新**できます。

こうしたソリューションは**「パーソナライズエンジン」**と呼ばれ、すでにDynamic Yieldのようなベンダーにより提供されていますが、生成ＡＩが組み込まれることで進化が期待できます。

また、会話型チャットボット、バーチャルアシスタントなどのカスタマーサービスにも生成ＡＩが組み込まれ、従来よりも高度な問い合わせ対応ができるようになります。

店舗オペレーションにおいては、通行量、商圏の生活者プロファイル、来店者数などさまざまなパラメータを生成ＡＩに読み込ませ、テストすることにより、**店舗レイアウトやＶＭＤ（Visual Merchandising）の最適化**が期待できます。

また、試着室やデジタルミラーに生成ＡＩによるアシスタント機能や提案機能を実装することで、**買い上げ点数の向上**も期待できるでしょう。

コスト削減や効率化など「守り」の生成ＡＩ活用

一方、**「守り」の生成ＡＩ活用**は、**アパレル企業が業務効率化やコスト削減を目的に、生成ＡＩを活用すること**を指します。

具体的には、**「管理間接部門の効率化」「ロジスティクスの効率化」**などです。

生成ＡＩを活用した管理間接部門の効率化は、コスト削減プロジェクトの一種として旬なテーマです。

総務・経理・人事・法務といった部門における業務の一部を生成ＡＩが担うようになれば、企業は大幅な効率化が期待できます。

こうした業務プロセスの見直し・効率化は**「ＢＰＲ」**(Business Process Re-engineering)と呼ばれ、以前からよくあるコンサルティングのテーマですが、**生成ＡＩが登場したことで、よりダイナミックな業務の再設計が可能**となりました。

また、ロジスティクス領域においては、**倉庫の自動化・効率化や物流網の見直し**に、生成ＡＩの活用が期待できます。

生成ＡＩの活用はまだ多くの企業ではじまったばかりですが、**5～10年の時間軸では、**

かなりの浸透が予想されます。

とくに、マルチモーダル型の生成ＡＩが普及してくると、より活用可能な業務の幅が広がり、業界に多くの革新をもたらすでしょう。

著作権や商標権の侵害というリスク

このように、攻めと守りの両面で導入効果が期待できる生成ＡＩですが、当然リスクもあります。

一般的に代表的なリスクは、ハルシネーションとよばれる生成ＡＩが間違った情報を返してしまうリスクです。これに加えて、アパレル業界にとくに関係が深いリスクとしては、**著作権や商標権の侵害**があります。

現在、生成ＡＩの倫理的な利活用を意図して、さまざまな国および国際機関でルールづくりがなされていますが、**国によって方針が大幅に異なるのが現状**です。

たとえば日本の場合、一部では**「機械学習天国」**と呼ばれるほど、ＡＩの学習用データとしてインターネット上の著作物の自由な利用が認められています。

一方、ＡＩに対して最も厳しいスタンスをとるＥＵでは、インターネット上の著作物を学習データとして利用することは禁じられています。

そうなれば、**日本で画像生成ＡＩを活用してつくられたデザインの製品が、欧州では商**

標権侵害に該当するというケースも、今後出てくるかもしれません。

このあたりはファッションローのテーマのひとつとして、今後議論されていくと思いますが、現実的には生成ＡＩの進化のスピードが速すぎて、法整備が追いつかない状況です。

企業においては、**各国の規制状況の違いを把握したうえで、リスクをコントロールした生成ＡＩの活用が必要**です。

変化6 サーキュラーエコノミーへの取り組みが加速化する
——難易度は高いが、地産地消のサプライチェーンなども登場

「テクノロジーの進化」「サステナビリティ対応」「マクロ経済情勢の変化」という3要素は、アパレルのサプライチェーンにも大きな影響を及ぼします。

日本ではこれまでコストダウンを追い求め、中国、東南アジアへとアパレルの生産拠点をシフトし、いまでは国内に供給される衣類の約98%が海外生産となりました（点数ベースの場合。金額ベースでは約80%）。

一方で海外生産の場合、リードタイムが長くなる、長距離輸送でCO_2を排出する、地

政学リスクや為替の影響を受けやすいといったデメリットもあります。

サステナビリティやサーキュラーエコノミーの観点では、理想は**地産地消のサプライチェーンの構築**です。

地産地消のサプライチェーンはまだまだ過渡期!?

地産地消といえば、２０２１年に**ユニクロが有明オフィスの近くに立ち上げた自社工場、イノベーションファクトリー**が記憶に新しいところです。

同工場では島精機製作所の無縫製編み機「ホールガーメント」が整備されており、ここでつくられたニットはMade in Tokyoのタグがつけられ、銀座のユニクロトウキョウで販売されています。

ただし、ユニクロによれば同工場はあくまでマザー工場で、培ったノウハウを海外の工場に展開していく役割を担うとのこと。現時点では地産地消のサプライチェーンを増やしていく段階にはないそうです。

グローバルに目を向けると、一時期話題となった**アディダスのスピードファクトリー**が２０２０年に閉鎖となりました。

ドイツとアメリカで消費地近くに建てられ、マスカスタマイゼーションのスニーカーを短いリードタイムで展開することを狙っていましたが、事業性で折り合いがつかずアジアのサプライヤーに機能移管されました。

このように**地産地消のサプライチェーンはまだ実験段階**であり、**先進国の地代や人件費を加味すると、デジタルを駆使しても難易度が高い**のが現状です。

大量生産と収益性を両立するには、コストがこなれたアジアで、デジタル実装された効率的な工場をもつサプライヤーに任せるほうが、現実的な選択肢なわけです。

しかしながら、10年後、20年後という長期スパンで見た場合、地産地消のサプライチェーンによる製品供給に業界はチャレンジすべきです。

なぜなら、**真のサーキュラーエコノミーを構築するためには、生産機能は消費地近くにあることが必要**だからです。

リサイクルの技術革新とユーザーの行動変容でサーキュラーエコノミーを実現

衣類を回収し、リサイクルするのはコストがかかります。

とくに、繊維から繊維に戻すリサイクルは生産時のコストも高く、普及に向けてはさまざまなハードルがあります。

生産地が海外では、リサイクル品を送り返す物流コストやリードタイムも考えると、サーキュラーエコノミーをつくるのは非現実的です。中国のように法規制により、そもそもリサイクルのもととなる中古衣料品を国外から送ることができない国もあります。
地産地消のサプライチェーンは、**回収とリサイクルまで視野に入れたサーキュラーエコノミーを前提に、ビジネスモデルを設計すること**が重要なのです。

実際、ポリエステルで繊維to繊維のリサイクルを手がけるＪＥＰＬＡＮ社のＢＲＩＮＧ™では、さまざまな工夫がされています。

ＢＲＩＮＧ™は、ＪＥＰＬＡＮ社が開発した**ポリエステル繊維を何度でもリサイクルできる技術**で、ＢＲＩＮＧ™ブランドの自社製品が販売されているほか、さまざまなアパレル企業に素材提供を行い多くのブランドで使われています。

ＢＲＩＮＧ™ではさまざまなブランドと提携することで、衣服の回収ＢＯＸの設置場所を増やしているほか、オンラインストアで製品購入した場合は、衣服の回収用封筒を一緒に送っています。

ユーザーは着古した服を封筒に入れて返送するだけという、優れた顧客体験が設計されています。

また、工場は北九州市にあり、ＪＥＰＬＡＮ社のＬＣＡによれば、北九州響灘工場の再生ポリエステル樹脂は、石油由来ポリエステル樹脂と比較し49％のCO_2排出量削減効果があります。

ＢＲＩＮＧ™では、「服から服をつくる」として、これまでにＴシャツ約１５００万枚分にあたる約３０００トンの古着を回収して新しい衣類をつくってきました。

しかし、市場全体の中での量としてはまだ僅少です。また、回収した衣類もすべてがケミカルリサイクルできるわけではありません。**業界としては、可能な限りクローズドなループを今後いかに国内につくれるか、増やせるかが、サーキュラーエコノミーの実現に向けた肝**となります。

そのためには、リサイクルを回しやすい製品カテゴリーにのみ特化した垂直統合モデルを試みる（例：インナーウェアやユニフォーム）、従来の生産工程とは異なる効率的な工場をつくる（例：３Ｄプリンタの活用）など、**事業的にも技術的にも連続的なイノベーションを起こしていくこと**が必要です。

変化 7 サステナ視点でサブスクサービスが進化・浸透する
――「所有」から「シェア」へ。サステナブルで需要のコントロールも可能

車の利用形態でシェアリングサービスが普及したように、アパレル業界でもレンタルなどの**サブスクリプション型サービス**が普及しつつあります。

図表20　エアークローゼットの会員数推移

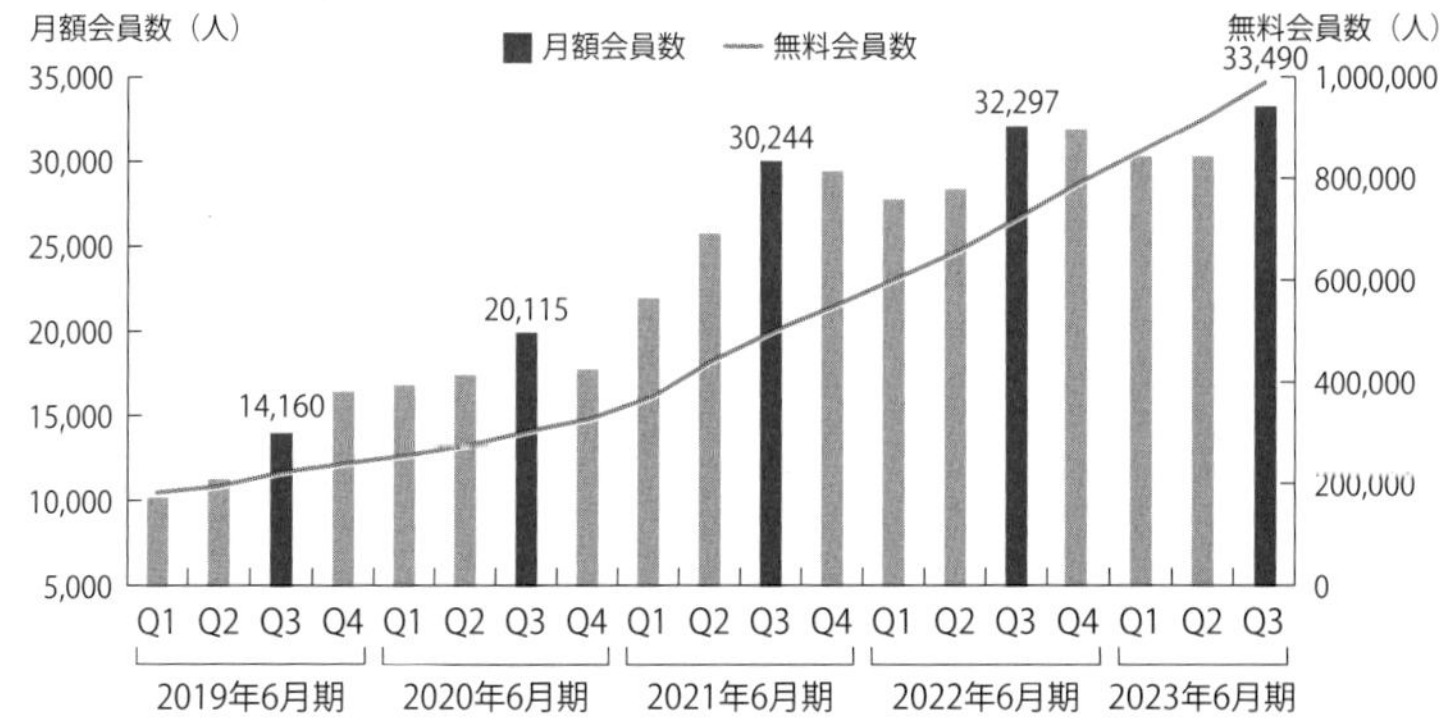

出所：エアークローゼット社IR資料

２０２１年に上場したレンタルを中心としたアメリカのファッションサブスク企業**レント・ザ・ランウェイ**は、２０２２年度の売上が２億９６４０万ドル（約４１５億円）と、前年比約１４５％の増加となりました。

収益面では苦労していますが、ユーザー数は着実に伸びており、２０２３年にはアクティブベースの会員数が14万人を突破。売上は順調に増加しています。

２０２２年には、日本でもファッションレンタルサービスの**エアークローゼット**が上場し、話題となりました。

会員数、売上も着実に伸びており、有料会員数は約３・３万人、売上も40億円に迫るまでに成長してきています（図表20）。

衣服をレンタルしたほうが、環境負荷は小さくなる

さて、このようなファッションサブスクサービスですが、サステナビリティの観点で優位性をもっています。

それは、物販よりも**需要をコントロールしやすいため、バリューチェーン全体で無駄なロスが出にくく、結果としてCO_2削減など環境負荷の低減につながる**ということです。

従来型の物販を中心としたアパレルビジネスでは、在庫をつくって売り、減らしていくことが基本なので、どうしてもロスが出てしまいます。

また、量を売って売上を伸ばすことにインセンティブが働くので、生活者にたくさん買ってもらうよう働きがちになります。

一方、レンタルのようなサブスクサービスの場合、毎月ユーザーに衣服を送る量をコントロールできるので、適量ラインを維持することが可能です。

また、会員数の推移から必要な需要も読みやすいので、供給側で仕入れ過剰になるようなことも起きにくい構造です。結果として、**トータルの環境負荷が低くなります。**

実際に、エアークローゼットは環境省が主催した「令和4年度『デジタル技術を活用した脱炭素型資源循環ビジネスの効果実証事業』」に参加し、ファッションレンタルサービスの脱炭素・資源循環の推計効果を公表しています。

実証実験では、生活者の衣服の利用パターンとして、次の2つのモデルを想定し比較しています。

基本シナリオモデルとして「すべての衣服をユーザーが保有し、使用後は可燃ごみとして廃棄する」、レンタル利用モデルとして「基本シナリオよりも少ない点数の衣服をユーザーが保有し、エアークローゼットで衣服をレンタルする」です。

結果、レンタル利用モデルは基本シナリオモデルと比較して、**CO_2排出を約19%削減し、廃棄物排出を約27%抑制するという結果**が得られています。

本書でこれまで何度も指摘しているとおり、アパレルのCO_2排出量問題は生産量に起因していますが、シェアリングを通じてユーザーによる衣服の購入・保有が抑制されることで、衣服の生産量が削減され、CO_2排出量の削減につながります。

また、同社によれば、生産量の削減により廃棄量も減り、リサイクル増加につながるため、焼却処分の削減も見込まれるとのことです。

アマゾンの銀行参入戦略で、生活はどう変わる?

このように、**サブスクサービスは環境負荷低減の観点で、一般的な物販・小売より優位**に立ちます。

これは衣服だけでなく、食にも当てはまります。

いつでもどこでも買える・食べられるという現代人の欲求を追求したあまり、**フードロスの多くが、小売業や外食産業の現場で発生していること**は想像に難くないでしょう。

今後は、サステナビリティの観点でも、さまざまな消費財分野でサブスクサービスの浸透が進むのではないでしょうか。

２０４０年という時間軸で見ると、人々の生活を担うプラットフォーマー企業が、より包括的なサブスクサービスを提供しているかもしれません。

たとえば、**アマゾンはアメリカで銀行業に参入**しようとしており、その可否を巡り当局と議論をつづけています。

仮に参入が認められた場合、たとえば**月に一定の金額がアマゾン銀行から引き落とされ、衣服、食料、日用品など生活に必要なものがアマゾンのＰＢで届けられる**というようなサブスクサービスが生まれるかもしれません。

その場合のアマゾンの訴求ポイントには、コストパフォーマンスや利便性だけでなく**「無駄のないサステナブルな生活の実現」**も追加されるでしょう。

あまり想像したくありませんが、人々の欲望や総需要のコントロールを、アマゾンのようなプラットフォーマー企業が担う時代がくるかもしれません。

変化 8

信頼されるライフスタイルブランドが多角化する

——衣服だけでなく「生き方」を提供することもブランドの役割に

いま世の中では、アパレルだけでなく家具や化粧品など、**さまざまな消費財を横断的に提供するライフスタイルブランド**が増えています。

たとえばアパレルからはじまった**アルマーニ**は、化粧品、家具、レストラン、ホテル等、ライフスタイル領域に事業を拡大しています。

日本でも、食品、雑貨、化粧品、アパレル、そして住宅まで提供する**無印良品**は、ライフスタイルブランドとしての地位を確立しました。

また、アウトドアブランドの**スノーピーク**がキャンプ場運営を行うなど、顧客のライフスタイルを支えるための事業を面で展開することが、ブランドの役割となりつつあります。

この傾向は、2040年に向け次の2つの背景のもと、さらに強まっていくと思います。

背景① 市場成長余地の枯渇

第1章で説明したように、アパレルに限らず今後多くの消費財で市場が成熟し、成長余地が枯渇します。

そのような中、多くの企業は、**自社のブランド力を活かしてほかの市場に新規参入し、成長すること**を目指します。

ＬＶＭＨグループが、アパレル、ビューティー、アルコール、ホテルまで横断的に手がけているように、ブランドが世界観や顧客体験を軸に、事業領域を多方面に拡大することが今後増えるでしょう。

背景②　生活者の根源的ニーズ

今後カーボンニュートラルを巡る世界の論争と紛糾は、ますますヒートアップするでしょう。

カーボンフットプリントを意識している生活者はまだごくわずかですが、気候変動の悪化状況によっては、**10年後には生活者が日々の日常生活でカーボンフットプリントを意識せざるを得ない状況**になっている可能性は大いにあります。

そのような世の中で、生活者が「衣・食・住・遊・働」といった日常のあらゆるシーンで、信頼できるサステナブルなブランドをいちいち選んで環境負荷を考えるのは大変です。むしろ、**信頼できるひとつのライフスタイルブランドにすべてお任せしたい、カーボンフットプリントのコントロールを任せて安心したい**というニーズが生じるでしょう。

２０４０年の時間軸では、理念と社会的意義があり、生活者が求める情報を高い透明性のもと提供するサステナブルなライフスタイルブランドが、衣食住を包括的に提供していく世の中が来るかもしれません。

その際、高価格帯領域は引きつづきラグジュアリーコングロマリットが担うと思われますが、大半の生活者が利用するマス領域においては、各消費財・小売領域のトップ企業と巨大化したプラットフォーマー企業がしのぎを削る局面が出てくるでしょう。

アパレル業界のグローバルSPAは、そこまで見据えた経営の舵取りを求められています。

コラム

ファッションの二極化と分断

本稿を執筆している2023年初夏、フランスでは深刻な暴動が起きています。

事件のきっかけは、フランスの警察官によるアルジェリア系の少年射殺事件でした。事件の発生から1週間、事件を契機に移民系の若者を中心とする暴動が全土に広がり、放火や略奪などで逮捕者は3000人以上にのぼっています。

背景には、移民が抱く社会からの疎外感や経済格差への不満があるといわれており、深刻な社会の分断を映し出しています。

このような社会の二極化と分断は、ファッションの世界でも見られます。

メディアではよく**「Z世代はサステナビリティに敏感」**だといわれますが、**一概に**

そうとはいえません。

実際、コンサルティング・プロジェクトでＺ世代のセグメンテーションを行うと、教育水準が高く、サステナビリティや社会課題に感度が高いセグメントがほかの世代より多い一方、社会課題に関心が低く、毎日を楽しく暮らしていればそれでよいという正反対の価値観のセグメントも一定数存在します。

そして、このようなセグメントはＳＨＥＩＮのような手頃で便利なデジタルファストファッションを買い支えています。

ラグジュアリーブランドやそれを支える富裕層、意識の高い層がサステナビリティを熱心に説く一方、サステナビリティとは逆行する「量」のビジネスを展開するデジタルファストファッションが一般層の支持を受け、グローバルで急成長する――。

ファッションで見られるこの構造は、**まさに世の中の二極化と分断の縮図**といえないでしょうか。

ファッション業界が量の問題を解決し、業界全体がサステナブルに変革すること。

それが、いま人間社会が目指しているカーボンニュートラルに向けた先駆的模範事例となることを切に願います。

第4章

アパレル業界の変革に必要な6つのイノベーション

第4章では、アパレル業界が環境負荷を減らすだけでなく、第3章で説明した8つの事業環境変化を機会としてとらえ、**持続可能なビジネスに転換していくために必要なイノベーション**を、領域別に解説していきます。

それぞれの領域で進歩的な取り組みを行っている企業もあわせて紹介します。

進化 1

マテリアル（素材）のイノベーション

——主流はコットンとPET繊維、注目されるのは「環境負荷が低く生分解できる素材」

素材分野は、アパレル業界でいま最も注目を浴びている分野です。

アパレルでは多くの素材が使われていますが、消費量ベースで見ると、**コットン**と**ナイロンやポリエステル等のPET繊維**の2つが圧倒的に多くなっています（図表21）。

グローバルで広く普及・浸透しているコットンとPET繊維ですが、それぞれ一長一短があります。

まずコットンは天然素材なので**自然界で生分解される、CO_2排出量も相対的に低い**と

図表21　グローバル繊維消費量の推移

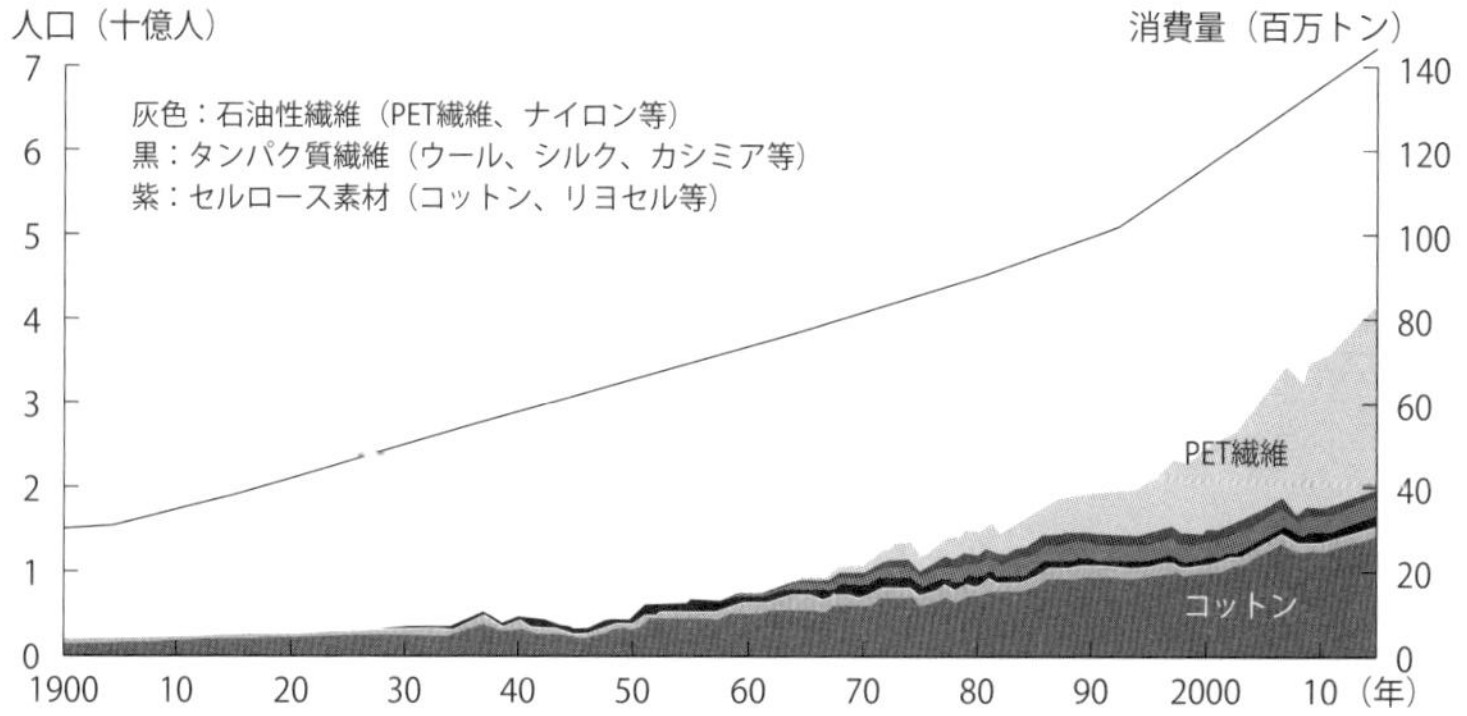

出所：経済産業省「ファッションの未来に関する報告書」

いうよい点がある一方、**「生産〜紡績〜染色」の過程で水資源を大量に使用する**という課題があります（なお、オーガニックコットンは生産時の水使用量の削減に大きく貢献しますが、全綿花生産量に占める割合はまだ1％程度しかありません）。

一方、**PET繊維は耐久性があり、生産時の環境負荷も低く抑えられる**ものの、石油由来の製品なので**自然界で生分解されずマイクロプラスチック問題を引き起こす**という課題があります。

この課題を解決するバイオベースの生分解性ポリエステル繊維も開発され、利用がはじまっていますが、コストや生分解度・期間の問題があり、低価格製品への普及にはまだ時間がかかります。

このように両者一長一短がある中で、必然的に業界では**「生分解性があり、可能な限り環境負荷の低い素材」**の開発に注目が集まっています。

環境配慮型素材の「バイオマテリアル繊維」

その中で、いま注目を集めている素材が、**バイオマテリアル繊維**です。

バイオマテリアル繊維とは、生物由来の素材や生体に関連する材料からつくられた繊維を指し、衣料品だけでなく、医療材料、織物製品など、さまざまな用途で利用されます。生物由来なので生分解性があり、いわゆる環境配慮型素材として、注目を浴びています。

この分野に詳しい京都工芸繊維大学の水野大二郎教授は、アパレルへの適用可能性が高い次世代バイオマテリアルを以下の4種類に分類しています。

①フードウェイスト・ベースド・マテリアル
バナナの葉やオレンジの皮など、食品残渣《ざんさ》や農業廃棄物が原料

②マイセリウム・ベースド・マテリアル
キノコの菌糸が原料。キノコレザーとして近年ジャンルが確立

③バクテリア・ベースド・マテリアル
タンパク質、セルロース、グルコース等を微生物が発酵させ原材料化

④**バイオテクノロジー・ベースド・マテリアル**
バイオラボで培養する動物細胞が原料

この領域で今後成長が期待されている日本のスタートアップに、**スパイバー**があります。スパイバーは、前述の分類でいうバクテリア・ベースド・マテリアルの開発に取り組んでいます。

スパイバーとともに、廃棄される花を原料にしたダウン製品で急成長した**パンガイア**の事例を紹介します。

事例

スパイバー

スパイバーは、２００７年に設立されたバイオテクノロジーのスタートアップ企業です。

大手投資ファンドのカーライルやクールジャパン機構から出資を受け、**未上場で企業価値が１０００億円を超えたユニコーン企業**としても有名です。

山形県鶴岡市に本社を置き、**世界初のバイオ合成による構造タンパク質「Brewed Protein™」の開発・製造・販売**を行っています。

２０２１年にタイ工場を完成させ、Brewed Protein™の本格的な商業生産を開始。数年内にはアメリカでも工場を立ち上げ、商業生産開始を予定しています。

スパイバーの存在意義は**「持続可能なウェルビーイングへの貢献」**。

その存在意義の具現化のため、現在、Brewed Protein™によるファッション産業の循環型経済化に取り組んでいます。

アパレルの素材は多岐にわたるため、リサイクルにはコストがかかり、一定量がごみとなり廃棄されてしまいます。

一方、Brewed Protein™は、生物圏材料のタンパク質で、従来の繊維に比べて軽量で強度が高く、生分解性ももつという特徴があります。

スパイバーでは、Brewed Protein™のようにタンパク質といった生物圏の材料を産業に取り入れることで、**地球の生態系と人類の産業生態系の垣根を取り払い、一体的な生態系としてデザインする生物圏循環（Biosphere Circulation）というビジョン**を掲げています。

個人的にも、石油由来の素材を避け、生物圏材料の循環型経済圏をさまざまな産業に広げていくという同社の思想は、大変ビジョナリーでワクワクします。

アパレル向けのBrewed Protein™素材はすでにたくさん開発されており、バリエーション豊かです。

長繊維、短繊維にはじまり、ニット生地、織生地、デニム、フリースや合成皮革ま

図表22　Brewed Protein™素材の生産プロセスと将来の循環型プロセス

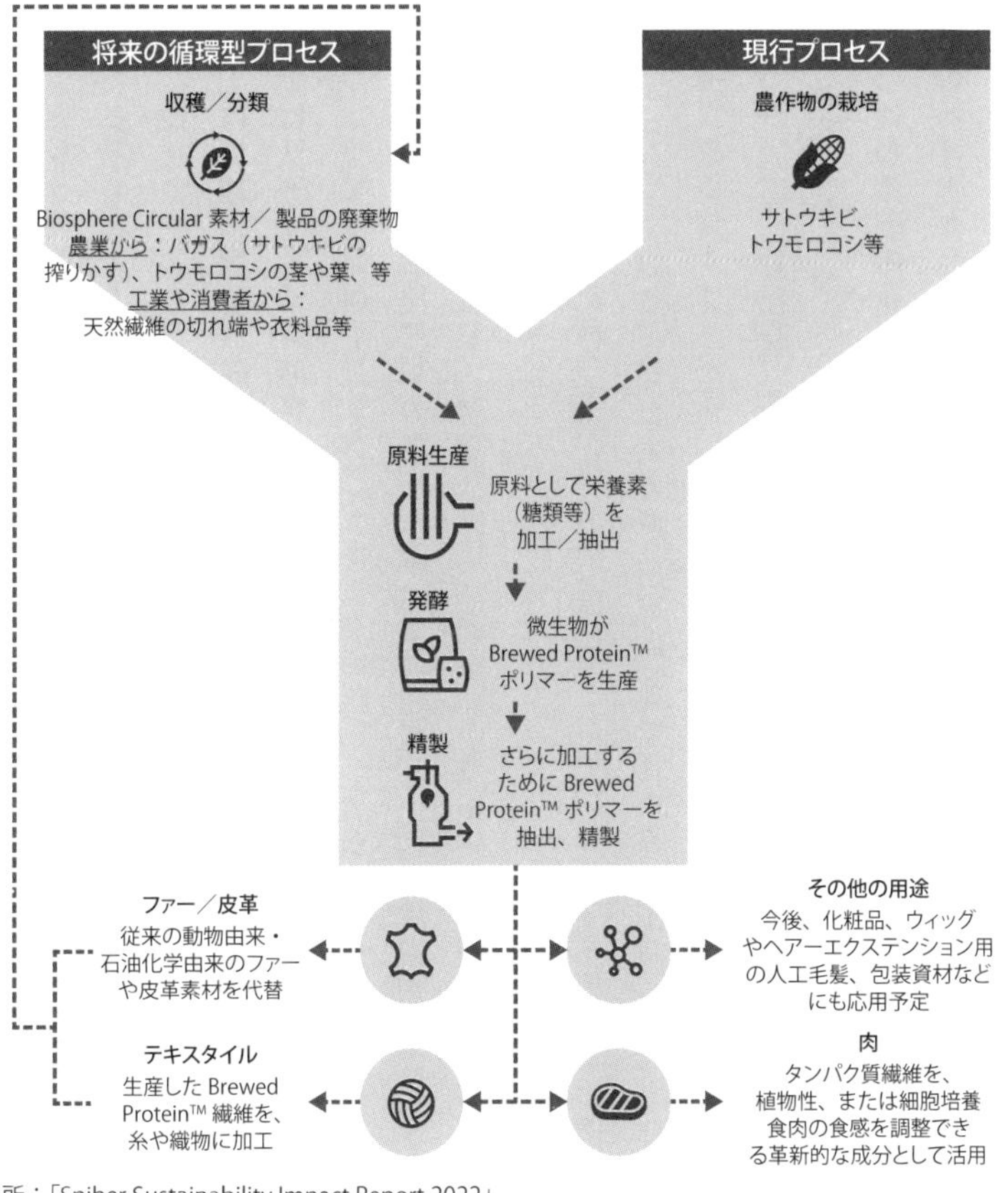

出所：「Spiber Sustainability Impact Report 2022」

で、Brewed Protein™がミックスされた素材があります。ザ・ノース・フェイスやサカイといった有名ブランドとのコラボ商品も展開されており、聞いたことのある人も多いでしょう。

スパイバーは自社の環境負荷を測定するＬＣＡを積極的に行っており、２０２２年から**サステナビリティ・インパクト・レポート**を発行しています。

同社のレポートによれば、Brewed Protein™繊維は、カシミアやメリノウールなどの動物由来素材よりも温室効果ガス排出量、水使用量、土地使用量が少ないという結果が得られています。ただし、動物性繊維は繊維の中で相対的に環境負荷が高いので、この比較結果自体は驚くべきことではありません。

しかしながら、同社はCO_2削減量の削減目標として、２０２９年までに排出原単位をBrewed Protein™繊維１キロあたりCO_2換算で10キロに削減し、２０３５年までにネットゼロを実現することを掲げています。

繊維１キロあたりCO_2換算で10キロという数値は、筆者の試算では一般的なコットンやポリエステルの数値よりも低く、普及させることができれば、**コットンやＰＥＴ繊維に代わる夢の新素材になる可能性**を秘めています。

そのためのハードルはコストでしょう。

コットンやＰＥＴ繊維が広く普及した背景として、価格がこなれていることがあります。

今後、量産化にともないBrewed Protein™の生産コストをどこまで低減できるか、ここにタンパク質をベースとした循環型経済の実現に向けた成功のカギが隠されています。

事例

PANGAIA（パンガイア）

地球の未来をポジティブにすることをミッションに掲げ、サステナビリティのみならず**リジェネラティブをブランドプロミスの中心**に据えた欧米発のパンガイアというブランドがあります。

ブランド名は、すべての生き物（pan）の母なる大地（gaia）という意味から来ており、２０１８年に設立。

マテリアルサイエンスを通じた環境負荷の低い独自素材の開発に力を入れている一方、一見エシカルブランドには見えないカラフルなカジュアルウェアは、Ｚ世代を中心に大きな支持を集めています。

パンガイアのサポートメンバーには、ジャスティン・ビーバーやファレル・ウィリアムス、ナタリー・ポートマンといったセレブリティが名を連ねるだけでなく、素材に関わるさまざまな分野の研究者、技術者やアーティストが設立に加わっています。**ファッションにおける環境保全**というミッションを実現するためのプロジェクトとして、多方面から人材を集めたフラットな組織がつくられている点がユニークです。製品がサステナブルなだけでなく、デザインやディテールにも優れており、２０２２年の売上は50億円を突破。Ｂ Ｃｏｒｐ認証*も取得しました。

パンガイアが急成長するきっかけとなったアイテムに、**フラワーダウン(FLWRDWN™)**という、廃棄される花を原料につくられたダウン製品があります。アヒルやガチョウの羽毛を使ったダウンは、一部では動物保護の観点で批判も出ています。

そこでパンガイアでは、**羽毛のダウンと同等の品質を保つ中綿の研究**に注力。生分解性のないポリエステルの中綿ではなく、廃棄される花にセルロースを注入することで、断熱性と耐久性を高めたフードウェイスト・ベースド・マテリアルの一種である**ヴィーガンダウン**を開発。特許も取得しています。

パンガイアは、植物性天然素材を用いた生分解性のある素材の開発に力を入れており、植物、果物、野菜などの食料廃棄物からつくられるフードウェイスト・ベースド・マテリアルを数多く開発。生産工程でも水質汚染につながらない植物染料を用いたり、包装紙もバイオプラスチックでつくったりするなど、脱化石燃料も徹底しています。

また、こうした技術開発はパンガイアラボという自社の研究開発施設で行われており、R&D（研究開発）部門は現在約20名で構成。化学、生物学、繊維工学等複数の領域から研究者が集まっています。

開発手法としては、オープンイノベーションのアプローチをとっており、業界全体への発信力を高めています。

２０２２年には、**前述のスパイバーとコラボレーションした商品を開発**。重量ベースで88％がオーガニックコットン、12％がスパイバーのBrewed Protein™を活用したフーディーを販売し、話題となりました。

パンガイアとスパイバーは長期的なパートナーとして取り組みを継続していくとしており、今後の活動に注目です。

進化 2

生産工程のイノベーション

——多段階の工程を「いかに減らせるか」がCO_2削減につながる

＊B Corp（Benefit Corporation）認証は、ブランドの社会的・環境的影響を評価する最も厳しい認証のひとつで、ガバナンス、労働者、コミュニティ、環境への影響などに関する３００以上の項目に応え、一定の基準をクリアした企業に与えられる。

図表23　アパレル企業の生産工程別CO_2排出量（イメージ）

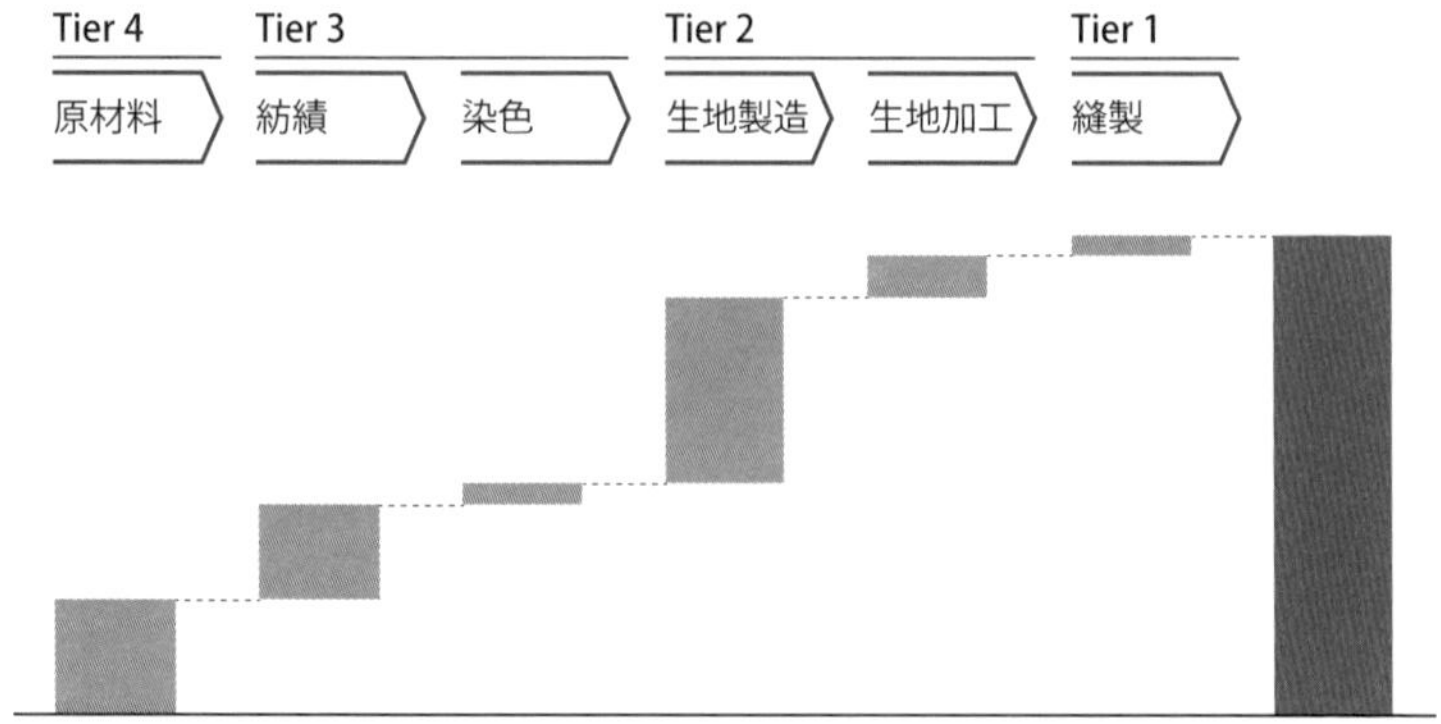

出所：著者作成

次にイノベーションが必要な分野は、**生産工程**です。

アパレル企業の生産工程は、一般的に原材料から糸を紡ぎ、染色して生地をつくり、縫製と、多段階にわたります。

各工程でCO_2が排出されるため、各工程での排出量を見える化し、削減施策を考えることが必要です。

図表23は一般的なアパレル企業の生産工程別CO_2排出量を示したものですが、原材料調達および生地製造の割合が大きいものの、各工程でCO_2が出ていることがわかります。

環境負荷を減らすためには、環境負荷の低いマテリアルを開発するだけでなく、**従来とは異なるイノベーティブな生産工程を考えることも重要**です。

たとえば、生分解性のあるポリマーのような原料から、３Ｄプリンタでいっきに衣服の完成品をつくることができれば、生産工程は短縮され、環境負荷も低減できるはずです。

このような生産工程のイノベーションにより、環境負荷の低い製品開発に成功した企業にナイキがあります。

事例

ナイキ フォワード

ナイキ フォワードは、**編物でも織物でもない独自の製造方法**により、繊維素材生産の工程を減らし、環境負荷を下げる技術です。

前述したようなアパレルの多段階工程ではなく、ナイキ フォワードはニードルパンチという技術によって、繊維から直接、テキスタイルをつくります。

織物も編物も、まずは繊維を糸にする紡績の工程が必要ですが、ナイキ フォワードの場合はその工程が省けることになります。

使われているニードルパンチそのものはカーペットの製造などで使われる既存の技術ですが、ナイキは5年以上かけ、特許出願中の独自技術を加えて改良を重ねることで、複数のレイヤーから構成された独特の風合いと強度をもつテキスタイルを、繊維から直接つくることに成功しました。

ナイキ フォワードのテキスタイルとプルオーバーパーカー
出所：NIKE

ナイキによれば、工程の簡略化により、**従来のニットフリースよりもCO_2排出量を75%削減すること**に成功しています。

また、同社によれば、ナイキフォワードの素材は従来のニットフリースよりも密度が低く軽いため、**製品重量の低減もCO_2排出量削減の要因**となっているとのことです。

2022年9月に発表されたナイキフォワードを使った最初の製品（写真のパーカー）では、染料を使わず水の使用量をゼロとする、素材の70%は再生ポリエステルを使用する、ファスナーや金具などの副資材を使わずリサイクルしやすい製品設計とするなど、同社の徹底したサステナビリティへのこだわりがうかがえます。

ナイキのイノベーションアパレルデザインVP、カーメン・ゾルマン氏は、製品発表の際次のようにコメントしています。

「ナイキ フォワードはこれまでと違うものですから、当然感触も違います。これまでのニットや布《ふ》帛《はく》ではありません。カーボンフットプリントを激減できるまったく新しい素材です」

進化3 サーキュラー（循環性）のイノベーション

——じつは難しい衣類のリサイクル、回収・再生まで考えた製品設計が課題

図表21（149ページ）のグローバル繊維消費量の推移で示したように、衣服の生産量増加にともない、**繊維消費量は増加しつづけています。**

とくに主要素材であるコットンとPET繊維の量が多いため、これら2つの素材でいかにリサイクルやアップサイクルなどのサーキュラーループをつくれるかが、足もと喫緊の課題です。

ところで、衣服のリサイクル、**とくに繊維から繊維へのリサイクルは簡単ではありません。**

これには大きく2つの背景があります。

背景① 繊維素材の多様化にともなうリサイクルの難しさ

近年ファッション性や機能性を高めるために混紡・混織など複数の繊維素材が複合化される割合が増えています。

こうした衣料品素材は、個々の素材の分離・分解が困難となり、リサイクルを妨げる大きな要因となっています。

図表24はリサイクル事業者であるナカノの提供データをもとに、NEDO（新エネルギー・産業技術総合開発機構）が分析した回収衣類の構成繊維の割合です。グラフによれば、3種類以上の繊維が混紡されている素材が47％を占めています。

ところが、**現在の技術では3種類以上の混紡素材は素材分解ができず**、リサイクルは難しいのが現状です。

また、2種類でも難しいことが多く、[*] **繊維から繊維への循環性を考慮した場合、衣料品は単一素材が理想**です。

とくに、インナーウェアやTシャツなどの消耗品は数が多く、使用頻度も高いので、これからは**リサイクルを前提に単一素材で製品設計をすべき**ではないでしょうか。

図表24　回収衣類の構成繊維の割合（2023年）

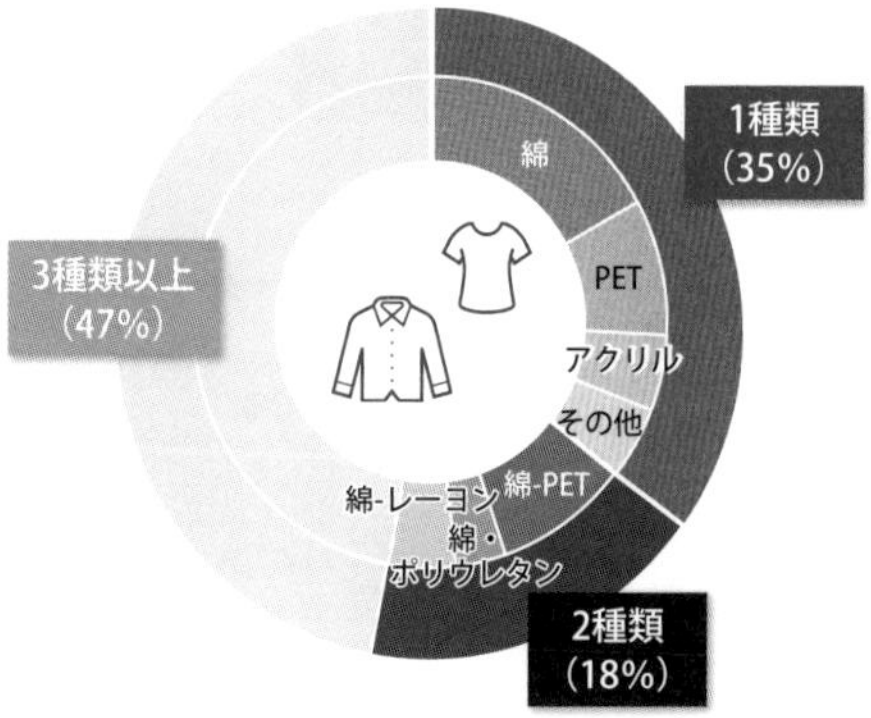

出所：NEDO技術戦略研究センター、経済産業省「繊維製品における資源循環システム検討会」

このようなエコ視点でのデザインは、現在欧州でデザイン規制として法制度化が検討されており、日本でも経済産業省を中心にガイドラインが策定されることになっています。

背景②　回収・再生などリサイクルにかかるコスト

とくに**衣料品の回収**については、回収後の分別を含めたプロセスが煩雑で、労働集約的となりコストが高いことか

＊綿・ポリエステルという2種類の混紡素材を、セルロース繊維原料とポリエステル原料に分けて再生する技術をもつアメリカのCircのようなスタートアップも出ているが、市場での普及にはまだ時間がかかると思われる。なお、Circには丸紅が出資している。

図表25　衣類のマテリアルフローの現状認識（2020年）

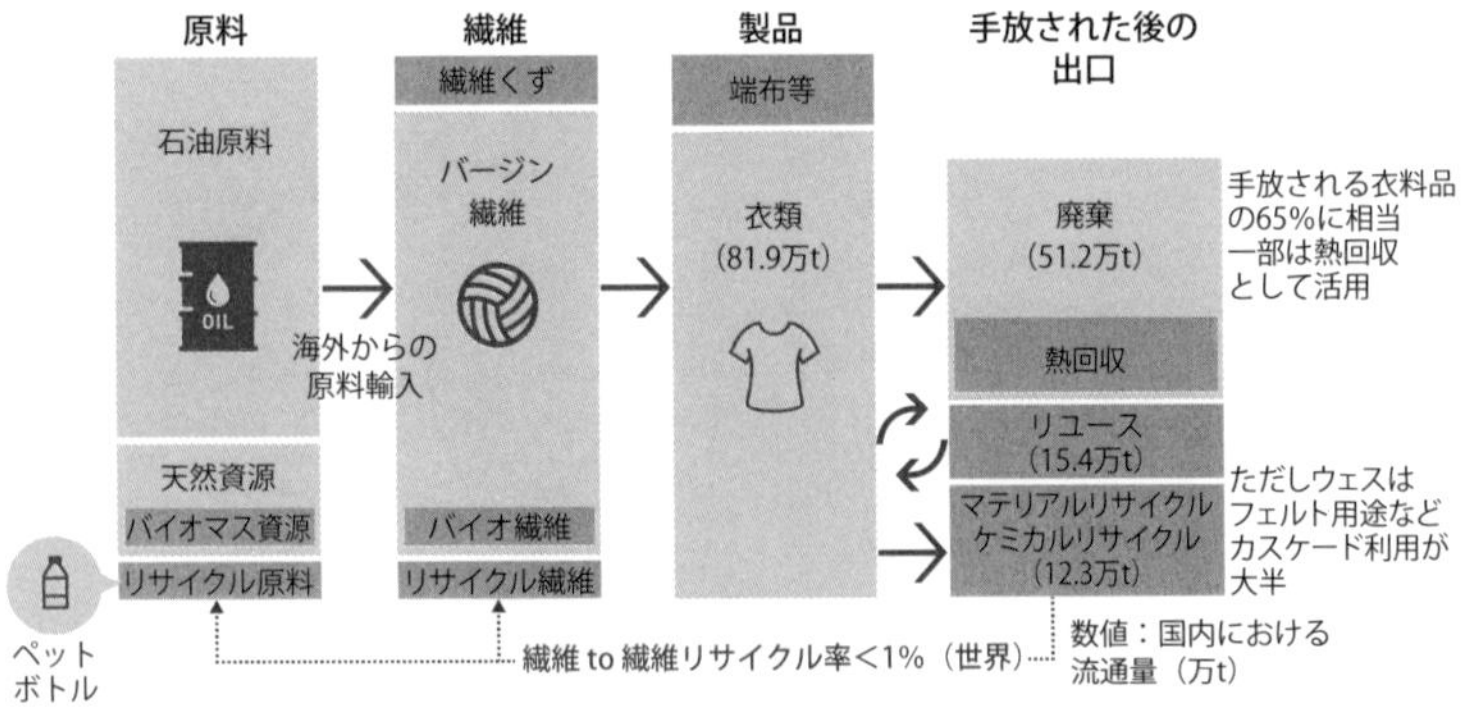

出所：NEDO技術戦略研究センター、経済産業省「繊維製品における資源循環システム検討会」

ら、なかなか進んでいません。

衣料品の回収は自治体によって取り組み状況が異なり、コストを賄える自治体とそうでない自治体とで、回収状況に差があります。

また、民間企業による取り組みも、H&Mやユナイテッドアローズのようにブランド問わずあらゆる衣料品を回収してくれる懐深い企業もありますが、**大半は自社ブランドの衣料品のみの回収**にとどまっています。

以上のような事情から、国内で繊維から繊維へのリサイクルの割合は現状1%未満となっており、手放された衣料品の半分以上が廃棄処分となっています。

サーキュラーエコノミーをつくるためには、企業は**回収・再生まで含めて**

収益性と実現性を兼ね備えたビジネスモデルを考えていくことが必要です。

また、繊維to繊維の再生は簡単ではないので、**素材や副資材の選定において再生することを前提にした製品設計**にしておくことも重要です。

ここでは、独自の循環型システムを構築・実践しているＯｎを紹介します。

事例

On「Cyclon™」

Ｏｎは、２０１０年にスイスで創業されたスポーツシューズブランドで、ランニングシューズやトレーニングシューズを中心に製品展開しています。

創業者は、元プロトライアスリート選手のオリヴィエ・ベルンハルドと元プロアスリートのキャスパー・コペッティで、２０１９年からは元テニスプレーヤーのロジャー・フェデラーが投資家兼アドバイザーとして参画しているという、生粋のアスリートブランドです。

Ｏｎのスニーカーは、同社が「クラウドテック」と呼ぶ、ミッドソールに搭載されたクッションが着地時の衝撃を吸収し反発力を発揮するという点に特徴があります。

これにより、Ｏｎのスニーカーは長時間歩いても疲れにくく、ランナーをはじめとするアスリートから一般の人々まで、広く人気を博しました。

Ｏｎは世界中で人気を集めており、２０２１年にはニューヨーク証券取引所に上場。２０２２年度の売上は12・２億スイスフラン（約１９５５億円）に達し、前年比１６８％と急成長を遂げています。

さて、このＯｎが満を持して２０２１年に投入したCyclon™（サイクロン）という**ランニングシューズのサブスクリプションサービス**があります。

このサービスは、**ランナーがシューズを所有しないことで廃棄をさせないという循環型システムを構築**しています。

ユーザーはサイクロンに登録すると、Cloudneo（クラウドネオ）というサブスクサービスでしか履けないシューズを受け取ります。

ユーザーはクラウドネオを履きつぶしたら返却して、新しいクラウドネオを入手します。毎日走るランナーは、平均的に半年程度でシューズを履きつぶすことから、半年ごとの交換を想定して料金体系が設計されています。

Ｏｎでは返却された古いシューズをリサイクルして、サイクロンのサーキュラーループに戻します。

これを繰り返すことで、バージン素材の使用と廃棄物を減らすことができるという循環型システムです。

通常スニーカーは数十のパーツから構成されており、１００％リサイクルするのは困難です。

一方、Ｏｎのクラウドネオは、部品点数が約10と少なく抑えられており、**すべてリサイクル可能なサステナブル素材**が使われています。

アッパー部分には、トウゴマから抽出されたヒマシ油でつくられたバイオ素材を使用。１００％素材をリサイクルすることで、文字どおりサーキュラーループをつくり上げています。

Ｏｎはサイクロンの目的を「循環型システムを構築して環境負荷を減らすこと」としており、ユーザーには製品の返却・リサイクルを徹底してお願いしています。

仮に、ユーザーが新しい製品をリクエスト後、以前の製品を返却しないと、**サステナビリティ料金として１００ドルまたは１００スイスフラン（またはその他の通貨換算額）を請求するほどの徹底ぶり**です。

このサイクロンですが、リリース以降急成長しており、２０２２年は前年比３００％を超える売上成長となりました。

優れた機能性およびデザイン性を兼ね備えたシューズと、循環型システムを実現するためのサブスクモデルが相まって魅力的なストーリーとなり、世界中でユーザーを惹きつけています。

Ｏｎは、**すべての自社製品が化石燃料フリーで循環型となる未来**を描いており、そのためのはじめの一歩がサイクロンであるとしています。

２０２３年にはサイクロンの登録者しか買えないＴシャツを発売。クラウドネオと同じく、トウゴマから抽出されるヒマシ油を原料にしたバイオ素材でつくられた１００％リサイクル可能な製品です。

サイクロンは、**特定製品に特化してリサイクル可能な製品設計を行い、ビジネスモデルとして回収・リサイクルを含めた垂直統合型のサーキュラーモデルを設計**すれば、グローバルで収益性を兼ね備えた循環型システムが構築できることを示した好事例でしょう。

ユーザーも、サイクロンのサーキュラーループに入ることによるバージン素材利用と廃棄の削減という意義を理解して、シューズを保有から利用に切り替えています。

Ｏｎのサブスクによる売上が物販売上を上回る日がいつ来るのか、これからも注目です。

進化 4

トレーサビリティのイノベーション

――川下から川上まで、複雑な情報をデジタルＩＤで記録・管理する

アパレル業界が課題を認識しつつも長年解決できていない問題として、**トレーサビリティ**があります。

アパレル業界のサプライチェーンは多段階にわたっており、かつ複数のプレーヤーが最終製品の出来上がりまでに関わるために、すべての情報をトレースすることが困難です。

とくに、**日本の場合は川下と川上の間に商社が入り、生産は海外というケースが多く、**トレーサビリティを担保することが簡単ではありません。

これら**サプライチェーン上の情報をデジタル上で統合し、データベース化するような話は何年も前から理想論として出ていますが、現実的に進んでこなかった**のが実態です。

ところが、第2章で説明したサステナビリティ問題が発端となり、グローバルではいま業界全体に強制力をもってトレーサビリティ対応が迫られています。

ＥＵが検討している「ＤＰＰ」（デジタルプロダクトパスポート）はまさにこの話で、製品の産地、環境負荷、製品スペック等の情報をデジタル化し管理・提供することを事業者に義務づけようとするものです。

そしていま、その具現化に向け奔走しているアメリカのスタートアップ企業があります。

事例

ＥＯＮ

ＥＯＮは２０１７年にナターシャ・フランクにより立ち上げられたファッションテック企業です。

以前からファッション業界の循環型モデルへの移行を考えていたナターシャは、２０１７年にそのビジネスアイデアがＨ＆Ｍファウンデーションの「グローバル・チェンジ・アワード」を受賞したことを契機に、事業化に至りました。

２０１９年には、Ｈ＆Ｍ、ターゲット、マイクロソフト等の大手企業とアライアンスを組み、ファッション業界の循環型経済化を目的としたサーキュラーＩＤイニシアチブを結成。衣服にマイクロチップを埋め込み、実装するサーキュラーＩＤプロトコル（循環経済における製品のデジタル識別のためのグローバルプロトコル）の開発を主導しました。

現在ＥＯＮは、**製品にデジタルIDを付与**し、**トレーサビリティを担保するためのクラウドサービス「EON Product Cloud」**と、多様なマーケットプレイスとの接続を容易とする**「EON Exchange」**の2つのサービスを主に展開しています。

「EON Product Cloud」では、ブロックチェーン技術を活用したデジタルＩＤを製品に付与することで、商品の原材料、製造過程、流通経路、保管場所、最終処分方法などの情報を記録します。

また、Higg IndexやGreen Storyといった環境負荷情報を提供する外部パートナーと組み、ＡＰＩ連携することで、デジタルＩＤ上にあらゆる情報を紐づけ、管理しやすいようにしています。

グローバルではＥＯＮのデジタルＩＤを実装し、近い将来欧州でＤＰＰが導入されても対応可能なレベルで、製品のトレーサビリティを実現している事例が出てきています。

事例

ＥＯＮ×Ｃｈｌｏé（クロエ）

クロエはラグジュアリーブランドの中でも、ステラマッカートニーと並んで**サステナビリティに先行して取り組んできたブランド**のひとつです。

２０２１年には、ラグジュアリーブランドの中ではじめて**Ｂ Ｃｏｒｐ認証**を取得し、話題となりました。

クロエは以前よりサステナビリティを強く推進しており、低環境負荷素材の使用を60%強に掲げているほか、ビーチサンダルなどの海洋ごみを回収して再生する企業オーシャンソールとのコラボやホームレスの人々を支援する団体への支援など、活動の幅を広げています。

また、ジェンダーの平等や多様性の実現にも力を入れており、女性の権利拡大や社会貢献活動にも注力してきました。

実際、クロエでは各国のトップマネジメントの約7割が女性で占められています。

このようにサステナビリティ全般に力を入れているクロエですが、２０２３年春夏コレクションより**ＥＯＮのデジタルＩＤを実装したクロエ・バーティカル**を導入しました。

顧客は製品に付与されたＱＲコードかＮＦＣタグを読み込むことで、製品や素材に関する環境負荷情報へのアクセス、製品保証書の付与、修理の申し込み、リセールオプションが利用できます。

リセールには、EON Exchangeが提供するマーケットプレイスとの連携機能が使われています。

ユーザーは製品のデジタルＩＤ上でリセールを申し込むと、ＥＯＮのパートナー企業のVestiaire Collectiveにより出品者に価格が提示され、商品が販売される前に支払いを受けることも可能です。

このようにクロエでは、**デジタルＩＤの導入により、トレーサビリティを実現するだけでなく、優れたＵＩ／ＵＸを設計し、顧客体験を高めることにも成功**しています。

事例

EON×Coachtopia（コーチトピア）

コーチトピアは、２０２３年にコーチから発表された**完全循環型のビジネスモデルを目指したサブブランド**です。

開発にはZ世代を中心とするコミュニティが関わっており、ブランドのコンセプトや自由なクリエイティブから、Z世代を中心とした若年層をターゲットにしたブランドであることがわかります。欧米で先行してローンチされ、日本では２０２３年秋に導入となります。

コーチトピアでは、「Made Circular™」３原則として、

①リサイクル・再利用・再生可能な素材でつくる
②何度でも生まれ変われるようにデザインする
③循環型ルートを創出する

を掲げ、**ブランドプロミス**としています。

製品は、バッグ、アクセサリー、アパレル、フットウェアで構成されています。

ＥＯＮのデジタルＩＤは、コーチトピアでもトレーサビリティの担保、顧客への製

リサイクルや再利用された素材、製造工程で余ってしまった素材を利用してつくられたコーチトピアのバッグ
出所：COACH

品情報提供のデジタルプラットフォームとして使われています。

顧客は、商品についているＱＲコードやＮＦＣタグをスキャンすることで、CO_2排出量などさまざまな情報にアクセスできます。

また、アイテムが修理、再利用、リセールされた際、デジタルＩＤはそのライフサイクルを都度記録し、アイテムが本物であることを保証することができます。

コーチトピアのクリエイティブとサステナビリティのトップでSVP Global Marketingのジューン・シルベスタインは次のようにコメントしています。

「すべての製品にひとつのデジタルＩＤを付与することで、デジタルとリアルの橋渡しを行い、各アイテムに関連する製品情報、サステナビリティ、サービスを高めることができます。素材や原産地などの重要なデータをリアルのアイテムにリンクさせることができ、またその真贋性を担保し、リセール市場での価値を高めることができます」

このようにグローバルでは、**製品のトレーサビリティを担保し、環境負荷情報などを公開するだけでなく、販売後のリペア・リセールまで含めて一元的に情報管理する**事例が増えています。

また、その際、**優れたブランドでは、顧客体験が高まるようなカスタマージャーニーが、顧客がＱＲコードを読み込んだあとに設計**されています。

近い将来のＤＰＰ導入に備え、欧米のブランドは対応を進めています。

それらのブランドが日本市場でも同様のサービスを展開するようになることを踏まえると、国内のアパレル企業も対応を急ぐべきではないでしょうか。

現在の気候変動のスピードを加味すると、２０４０年の時間軸では、生活者の行動は確実に変わります。

トレーサビリティの透明性が低いブランド、環境負荷の情報開示が不透明なブランドは、生活者から選ばれなくなる可能性もあります。

グローバル企業は、製品レベルでトレーサビリティを担保し、生活者の多くはカーボンフットプリントをはじめとする提供情報をチェック、吟味して購入を決めるのが当たり前の消費行動になっている可能性もあるでしょう。

進化 5

アップサイクルのイノベーション

——元の素材を活かしたリサイクルで、捨てる服を蘇らせる

リサイクルと似たような言葉として「アップサイクル」があります。

リサイクルは基本的に製品を原材料やエネルギー源に変えて再利用することを意味しますが、アップサイクルは、**元の素材をそのまま活かす手法**を指します。

たとえば、アパレルでは残布を利用した製品や、デッドストックなどを再デザインしてつくる一点ものが該当します。

また、リサイクルの場合、原料に戻したり素材に分解したりする際に、工場などでエネルギーが使われるのに対して、アップサイクルでは基本的に素材を活かして加工されるため、環境負荷が低くなることが多いというメリットもあります。

国内アパレル大手の**アダストリア**では、残った在庫をシンプルでロスの少ない黒染めの手法によって蘇らせるアップサイクルブランド**「FROMSTOCK（フロムストック）」**を展開しています。

染色は環境に配慮した設備を整えた日本有数の染工所で染めるなど、環境への配慮を行っています。また、衣服の素材や特徴によって染色方法を使い分け、一品一品仕上がりが

異なることで新しい価値を生み出しています。

世界的に評価の高いデザイナー森永邦彦が手がける**ANREALAGE（アンリアレイジ）**では、ブランドの創業当初より、残布を利用したアップサイクルのパッチワークシリーズを展開しています。

パッチワークはすべて特定の職人による手縫いで行われており、その特徴的なデザインは、ブランドのアイコンにもなっています。

「量産が難しい」という問題点をどう解決していくか

このように現在多くのブランドでアップサイクルが試みられていますが、ビジネスとしてのアップサイクルは、2つのボトルネックを抱えています。

ボトルネック①　生産性の問題

第1に、**生産性の問題**です。

アップサイクルは通常手仕事になり、かつ手間がかかりますので、量産や効率的に生産することには不向きです。

ボトルネック② 統一感と世界観をもたせるのが難しい

第2に、アップサイクルは一点ものになりやすいので、**アップサイクル商品群にひとつのブランドとしての統一感と世界観をもたせるのは簡単ではありません。**

この2つのボトルネックにより、アップサイクルは事業としては収益化と規模拡大が難しいという難点があります。

前述したアンリアレイジでは、パッチワークのデザインに統一感があり、第2の点はクリアしているものの、つくれる職人が限られているため、生産性のハードルはクリアできないでいます。

結果、オーダーメイドのパッチワーク商品は数カ月待ちの状況がつづいており、規模拡大にはなかなか至りません（もちろん、その希少性が人気を生んでいる側面もあります）。

このように収益化と規模拡大が難しいアップサイクルですが、グローバルではそれらをイノベーティブに実現しているアウトドアブランドがあります。

事例

コトパクシ

コトパクシは、２０１４年にアメリカ・ユタ州のソルトレイクシティで創業された

Del Díaシリーズのバックパック
出所：Cotopaxi

アウトドアブランドで、ブランド名はエクアドルにあるコトパクシ山に由来しています。

コトパクシの企業理念は**「Do Good」**。

寄付や企業文化、サステナブルな製品のデザインにいたるまで、コトパクシは企業活動全体を通じて社会貢献を行っています。

具体的には、**売上の1%を貧困解決の取り組みに向け寄付しています**。

また助成金プログラムを通じて、人々の生活向上を目指す組織を支援し、これまで重点的に6カ国で42件の寄付を実施しています。**B Corp認証の取得企業**でもあります。

コトパクシは、持続可能性を重視したアウトドアウェアやギアを製造・販売しています。

なかでも、ブランドのアイコンとなっているのが、スペイン語で「その日の」を意味するDel Díaシリーズ。ほかのアウトドアブランドから残布を購入し、それらを組み合わせてカラフルなデザインのバッグに仕上げます。

カラーデザインに制限・ルールはなく、フィリピン工場の従業員の裁量で毎回異なる配色にしてよいため、生産量を維持・拡大することを可能としています。

このように、コトパクシは**フィリピン人の美意識とカラフルな残布を自由に組み合わせるというデザインフォーマットがうまくかみ合い、事業化に成功した好事例**といえるでしょう。

アウトドアブランドの発色のよい残布を活用した製品は珍しく、コトパクシの商品には一目でコトパクシとわかる世界観があります。

消費者視点で見ても、カラフルでオンリーワンのデザインの製品は魅力的で、かつ職人とのつながりを感じられるブランドのストーリーは多くの人を魅了しています。

業績も好調で、２０２２年の売上は1億ドル（約１４０億円）を超えました。

年平均成長率30％以上の成長をつづけており、利益もキャッシュフローも創業以来ポジティブです。

このように、アップサイクル領域でも、工夫次第では規模と収益性を兼ね備えた事業をつくることができます。

２０４０年の時間軸では、**アップサイクルにテクノロジーを掛け合わせ**、たとえばＡＩにパッチワークのデザインを学習させオリジナリティのある模様・パターンをつくらせる、手間のかかる生産工程の一部を自動化するなど、イノベーションが誘発されることを期待しましょう。

進化 6
ラグジュアリースタートアップのイノベーション
——ローカル文化やアートなど、新たな視点から生まれるラグジュアリー

ここからはアングルを変えて、**アパレル業界を変えるラグジュアリースタートアップ**に必要なイノベーションを取り上げたいと思います。

これまでのファッション業界では、若いデザイナーが目指すキャリアは、パリコレをはじめとするコレクションへの参加やＬＶＭＨ（イノベーション）アワードなどの有名コンテストでの受賞を目指し、自分のブランドを何とか立ち上げ育てていくというパターンがほとんどでした。

ただし、自身のブランドをゼロから立ち上げる場合、一時的に売れても事業が安定せず、ニッチにとどまってしまうことも多いため、**才能のあるデザイナーは有名ラグジュアリー**

メゾンのクリエイティブディレクターも兼務して、成功を確実なものにしようとします。

大手メゾンと自身のブランドをかけもちするデザイナーたち

たとえば、シャネルを長年率いた**カール・ラガーフェルド**、ルイ・ヴィトンを手がけた**マーク・ジェイコブス**、ジルサンダーやクリスチャンディオールを手がけ、現在はプラダを率いる**ラフ・シモンズ**らは皆、メゾンでの仕事と自身のブランドをかけもちしてきました。

しかしながら、この兼務方式は手がけるコレクションが増えることにつながり、デザイナーは多忙を極めます。

また、ビジネス面に厳しいメゾン側からの業績のプレッシャーも強く、**デザイナーは心身ともに疲弊してしまうことも多々あります**。

実際、自身のブランド「アレキサンダー・マックイーン」と「ジバンシィ」のデザイナーを兼務しながら絶頂期に亡くなった**リー・アレキサンダー・マックイーン**のような悲劇も生んできました。

他方で、大資本化していく従来型のラグジュアリービジネスとは一線を画し、**伝統工芸、アート、地域社会などに深く根づいた新しいラグジュアリー**が世界各地で立ち上がっています。

ラグジュアリービジネスの変化を記した書籍『新・ラグジュアリー 文化が生み出す経済10の講義』を執筆された安西洋之さんと中野香織さんは、次のように述べています。

> その証拠に今、願いを持ちたいとの思いを胸に秘めたラグジュアリースタートアップの勃興が世界の各地でみられます。新たな風景を見つけられずにいる従来のラグジュアリーモデルが「旧型」になり、ローカル文化に基づいた「新しいラグジュアリー」が各国で生まれつつあり、それがさらに拡大していく兆しがあります。
>
> （中略）
>
> ラグジュアリーの大衆化の結果、それまでの権威であったフランスのラグジュアリービジネスが人々に願いを提示するのが難しくなり、フランス以外の地域のスタートアップがラグジュアリーの民主化により新たな風景を見ようとしているのです。具体的には、ローカル文化の尊重、素材入手や生産から販売へのプロセスの短縮化などがこの方向のひとつの例です。

このような新しいラグジュアリーの台頭は、日本でも活性化しています。

ここでは、クリエイティブ面だけでなく、経営面やサステナビリティ視点でもイノベーティブなアプローチで急成長しているブランドＣＦＣＬを紹介したいと思います。

事例

ＣＦＣＬ

ＣＦＣＬは、２０２０年に代表兼クリエイティブディレクターの高橋悠介さんにより設立されたスタートアップです。

ブランド名は**Clothing For Contemporary Life**の頭文字から来ており、デザイナー個人の美意識を表すファッションではなく、「現代を生きる人々の道具としての衣服」というコンセプトでデザインされています。

高橋さんは文化ファッション大学院大学修了後、三宅デザイン事務所にてデザイナー経験を積んだのちに独立しました。

２０２１年の毎日ファッション大賞新人賞やFASHION PRIZE OF TOKYO2022など、名高いコンテストで近年数々の賞を受賞しています。

ＣＦＣＬは事業面も大変うまくいっており、立ち上げ3年目で流通ベースの売上は20億円を超え、２０２４年度には**30億円超**が視野に入ってきています。

この売上は数値面でも成長スピードでも、一般的な日本の若手デザイナーズブランドと比較して際立ったパフォーマンスです。

ＣＦＣＬはラグジュアリースタートアップとして、**なぜこのような急成長を遂げることができたのでしょうか。**

その成功要因を紐解くと、**大きく3つのイノベーティブなアプローチ**が見えてきます。

要因①　ブランドの事業ドメインを「コンピュータプログラミングのニットブランド」というニッチなカテゴリーに戦略的に絞り込んでいる

一般的なコレクションブランドの場合、事業ドメインを絞り込みすぎると、クリエイティブ面で制約を受けることになります。通常、デザイナーはコレクションのテーマにもとづく自由な創造を好み、ブランドの過度な制約を好みません。

ですが、ＣＦＣＬでは事業ドメインとクリエイティブにあえて制約をもたせることで、**カテゴリーキラーとしての訴求ポイントの尖りと、サステナビリティ上での優位性**を獲得しています。

前者は「コンピュータ×ニット×モード×エシカル」という独自のポジショニングにつながります。

後者はコンピュータプログラミングのニットが可能にする短いサプライチェーンによる製造コストとリードタイムの圧縮だけでなく、裁断を必要とせず、ごみがほとんど出ない、再生ポリエステルなどの認証された糸を選択し、単一素材で服をつくれることにつながっています。

要因② ブランドが持続可能な収益を生み出せるよう、ビジネスモデルが緻密に設計されている

ＣＦＣＬでは、タイムレスなデザインとセールをしないＭＤ構成を徹底しており、定番品としてのリピート商品の構成率50％、リピート素材構成率90％を維持しています。

結果的に、セール販売が当たり前のファッション業界で、シーズンを越えてのプロパー（定価）販売が可能となり、在庫リスクを最小限にした持続的な事業基盤を構築しています。

また、海外展開の加速に不可欠な卸売ビジネスの収益化のために、高付加価値化と原価低減を両輪で加速し、靴などの原価率の高いアイテムは最低限にしています。

あくまで**プロダクトのデザイン力を競争力の源泉とし、付加価値を高めて、売上のみならず収益性を上げる**ことに余念がありません。

なお、欧米のラグジュアリーブランドの場合、**経営とクリエイティブの役割分担が明確**で、右記のような収益管理・ビジネスモデル設計がされていることは当たり前です。

一方、**日本の場合はデザイナーがすべてを担うケースが多い**ことから、**収益管理が甘くなりやすく、実態は赤字つづき**というようなことが多々あります。ＣＦＣＬは、

CFCLの2023年秋冬コレクション
出所：CFCL

その点で稀有なビジネスセンスをもったラグジュアリースタートアップであると感じます。

要因③　最初から世界で売ることを意識し、世界標準のコンテクストを汲んだブランド戦略

その端緒が、２０２２年７月に取得したＢ Ｃｏｒｐ認証です。

立ち上げ3年目の会社が、日本のアパレル企業で初のＢ Ｃｏｒｐ認証企業になりました。

ＣＦＣＬでは、**脱炭素をはじめとする最先端のＳＤＧｓに取り組むことは、21世紀のラグジュアリーブランドとして当たり前であるという自己認識**があります。

ブランド立ち上げ当初からＬＣＡにも取り組んでおり、２０３０年にはカーボンネガティブを実現することを目指しています。

そして、このような優れたグローバル感覚を

もとに、当初より越境ＥＣによりグローバルで販売することを試みています。

すでに世界20カ国での販売実績があり、海外売上も右肩上がりで拡大。

最近では中国、韓国といった東アジア、一般的にニットの販売が難しい熱帯気候のタイやインドネシア、マレーシア等の東南アジア、アラブ首長国連邦やクウェートといった中東、イタリア、イギリス、ドイツ、スペインをはじめとするヨーロッパ、アメリカやカナダと、グローバルでその人気は拡大しています。


このように飛ぶ鳥を落とす勢いのＣＦＣＬですが、実際のところはどうなのか、代表兼クリエイティブディレクターの高橋悠介さん、副社長兼ＣＯＯの松浦直彦さんに話を伺いました。

日本発のラグジュアリースタートアップのあり方やこれからのアパレル業界が求められることについても、ご意見を伺っています。

特別対談

ＣＦＣＬ　高橋 悠介　松浦 直彦

聞き手　ＫＥＡＲＮＥＹ　福田 稔

プロフィール

高橋悠介　株式会社ＣＦＣＬ代表取締役社長、クリエイティブディレクター
１９８５年東京生まれ。２００９年、文化ファッション大学院大学在学中に第83回装苑賞受賞。２０１０年に同大学院修了後、三宅デザイン事務所入社。２０１３年に「ＩＳＳＥＹ ＭＩＹＡＫＥ ＭＥＮ」のデザイナーに就任。２０２０年、「ＣＦＣＬ」設立。

松浦直彦　株式会社ＣＦＣＬ代表取締役副社長、ＣＯＯ
１９８２年生まれ。慶應義塾大学卒業後、２００５年、メリルリンチ日本証券に入社し投資銀行業務に従事。２０１３年以降、カーライル・グループ、日本成長投資アライアンス、ペルミラ・アドバイザーズにてプライベートエクイティ業務に従事、２０２２年にＣＦＣＬ参画。

——ＣＦＣＬのラグジュアリースタートアップとしての最大の成功要因は、グローバルコンテクストの汲み取り方にあると感じています。世界標準の感性をどのように身につけたのか、教えていただけますか？

高橋　大きく２点あると思います。

１点目は、学生時代にロンドン大学ゴールドスミス・カレッジに留学したことです。自分のアイデンティティを見直す大きなきっかけとなり、すべてが集まるロンドンに対して、**日本からどのようにアプローチすべきか**を常に考えるようになりました。

2点目は、三宅デザイン事務所での経験です。イッセイミヤケの評価は、日本よりも海外のほうが高く、それはなぜなのか、常に考えていました。

この2つの経験を通じて、自分でやるなら最初からグローバルで挑戦しようと心に決めていました。

――ほかのデザイナーズブランドとＣＦＣＬの最大の違いは、何だと思いますか？

高橋　マーケットインとプロダクトアウトのバランス感です。

三宅さんから、**服は自己満足でなく、社会のためにつくるよう教わりました。**「コレクションのランウェイショーで感じるような驚き、新鮮さ」と「日常でも着られるバランス感や機能性」の両立、常にベン図の中心を意識したクリエイティブを心がけています。

そのためには、服を着るペルソナを具体的に思い描いて、その人の日常と非日常を想像しながらクリエイティブに落とし込んでいます。

松浦　高橋さんはアート&サイエンスが極めて高いレベルで両立しているデザイナーだと思います。

自身の思いや表現したい世界観に偏重しがちなデザイナーズブランドにおいて、高橋さんは常に**マーケットインの観点で、いまの時代に何が必要か、社会で何が求められているのか**を考えつづけています。

感性に頼りがちなものづくりでも、緻密で論理的なデザイン技法とマーチャンダイジングがデザインに統合されています。日本のデザイナーズブランドでここまで科学されているブランドは、なかなかないのではと感じています。

高橋　デザインするときには、色やデザイン、パターン、原価率などと同じくらい**「生産の安定性」を重視**しています。

すなわち、毎年一定量発注する定番のリピート商品をつくることです。

ＣＦＣＬでは１シーズンで１５０品番以上ありますが、10種類程度の糸にとどめて使用し、そのほとんどが前シーズンからの継続品です。

同じものを使いつづけることのメリットは、シーズンをもち越せるため在庫にならない、無駄にならないこと、工場側が安定稼働できること、素材開発の協力を得やすいことなど、たくさんあります。

実際、お付き合いのある糸屋さんが、あるバージンポリエステルを使いつづけていたら、同じ風合いの再生ポリエステルをつくってくれました。

リピート商品が多いと、生産側も発注量が読めるので、協力も得やすくなります。

松浦　一般的に、ファッションビジネス、とくにデザイナーズブランドは、シーズンごとの当たりはずれ、すなわち**キャッシュフローの変動が大きいことが弱み**です。

「今年はよくても次のシーズンはどうなるかわからない」という漠然とした不安が常につきまとい、企業価値評価にも影響を与えます。

その点、ＣＦＣＬの商品は**素材もデザインも継続性が高く**、新しいチャレンジは行いつつも、不確実性を最小化するようにつくられています。

デザインの継続性があるので、最新作ばかりを追うのでなく、過去の商品を探しに来る顧客も大勢いますし、常にプロパーで販売できることから、収益性の維持が可能になる、好循環の事業安定性が強みです。

高橋　素材選びの際にも、極力無駄が出ないように心がけています。

たとえば、大きい柄がプリントされた服は、インパクトのあるデザインになりますが、生地を裁断するときのパターンで端材が多く出てしまうので、原価率が上がってしまいます。環境配慮の観点で端材を出さないことも大切ですが、生産コストを下げることも重要です。このあたりの考え方は前職で学びました。

——Ｂ Ｃｏｒｐ認証を設立3年目で取得するなど、環境問題に対する意識が高いですが、サステナビリティ戦略はどのように考えていますか？

図表26　主要アパレルブランドのB Corpスコア比較

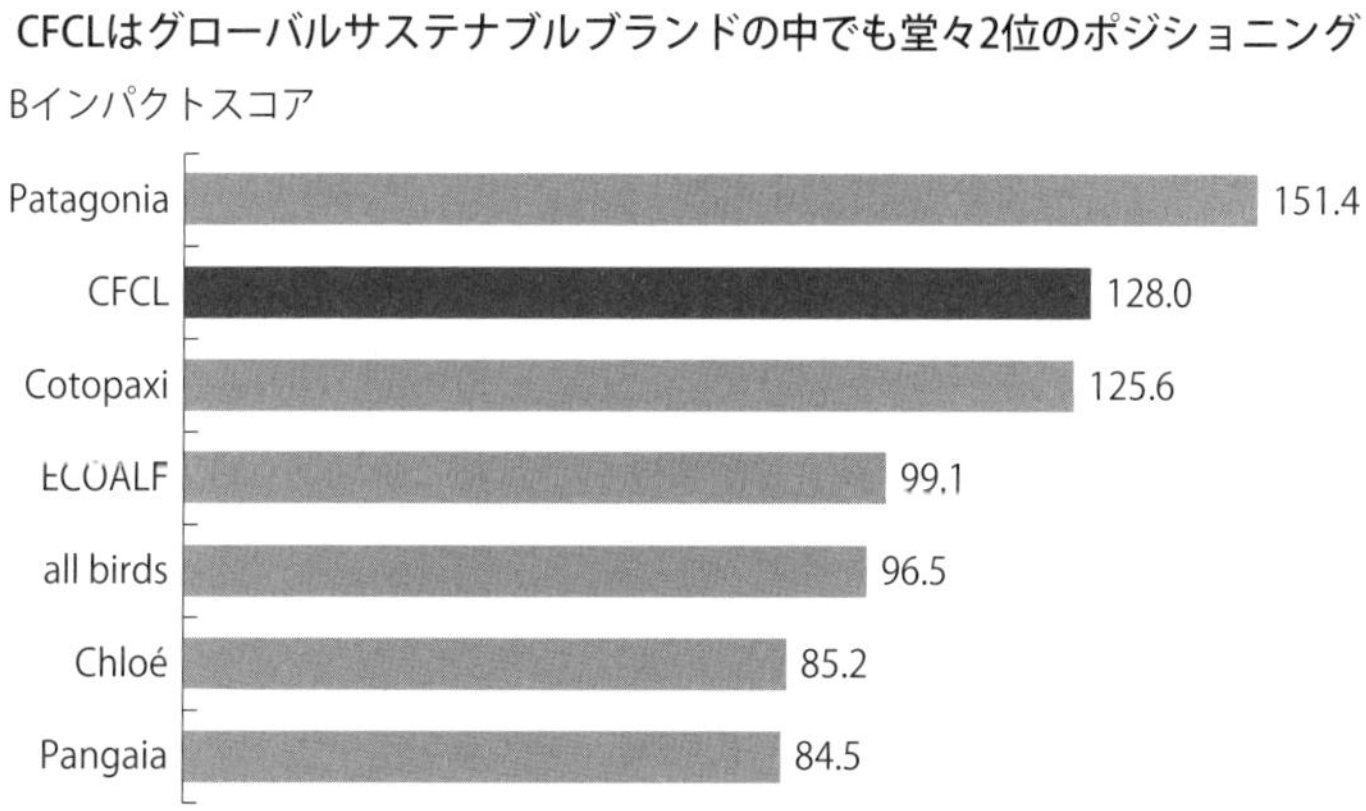

出所：https://www.bcorporation.net/から著者作成

高橋　まず申し上げたいのは、サステナビリティはいまの時代の事業運営の**〝大前提〟であり、〝セールスポイント〟にすべきことではない**ことです。

ブランドを立ち上げる数年前からエシカルファッションムーブメントが起こり、気になる部分はありましたが、グリーンウォッシュの問題もあるのでサステナビリティをアピールすることはしません。

ただ、この時代にブランドを立ち上げる以上、徹底的にサステナビリティには取り組もうと思いました。

――サステナビリティをアピールしていない設立3年目のブランドが、

日本のアパレルではじめてB Corp認証を取得して、名だたるブランドよりもハイスコアを獲得できているという事実はメッセージ性がありますね。

高橋　最近では**エシカルマインドが強い消費者やセレブリティ**にCFCLを選んでいただくケースが増えています。

　ホームページで詳細なサステナビリティレポートを公開していますので、アピールしなくても、わかってくれている方が増えている感覚はあります。

――素材では、バイオマスを活用した生分解ポリエステルも出てきていますが、再生ポリエステルを代替する可能性はあるのでしょうか？

高橋　生分解ポリエステルは一長一短があると思っています。

　生分解性というメリットがある一方、デメリットとして、原料が植物由来なので食べられる素材を使うことがあったり、バイオ燃料を必要とするさまざまな最終用途とコンフリクトするという課題があります。

　また、生分解されるのに時間がかかる、混紡素材だと確実に生分解されるかわからないという不透明さもあります。

　衣服が回収されてどのように分別され処理されるかはわかりませんので、生分解されるから一概にいいとはいえません。

それよりも、**何度もリサイクルする再生ポリエステルのクローズドループ**をつくるほうが、バージン素材の利用が減り、トータルでは環境保全につながるという見方もできます。

現時点でクローズドループの実現までは至っていないので胸を張ることはできませんが、以上のような理由から、いまは再生ポリエステルを活用しています。

最新のシーズンでは、**使用した素材全体の約76％が再生ポリエステル**でした。


――最近はヨーロッパ、とくにイタリアでも評価が高いようですが、海外で売れる理由はどのように自己分析されていますか？


高橋　グローバル視点からＣＦＣＬを見たとき、**プロダクトやブランドのコンテクストに日本らしさを感じる**ことだと思います。

ＣＦＣＬのプロダクトは、モダンさ、デザイン、工業製品としてのニット、素材感などのミックスが、欧州にはない感覚だといわれます。

ニットだと、欧州にはブルネロ クチネリやクルチアーニのような職人気質が感じられるファクトリーブランドはありますが、「コンピュータプログラミング×ニット×モード」のポジショニングのブランドはあまりありません。

また、島精機製作所のホールガーメント技術、帝人フロンティアや旭化成などの高品質化学繊維、日本のニット地場産業の高品質、前職で学んだデザイン哲学などを融合し、**世界が日本に求めるファッションブランドとしてのあり方を的確に提案している**ことが大きいと思います。

松浦　海外から評価されている要素として、新しいブランドのあり方を提案しつつも、オーセンティックなブランドとしてのクリエイティビティにも妥協せず、世界各国に波及効果の高い**パリ・ファッションウィークを起点とするＰＲに会社のリソースを戦略的に集中している**こともあるかもしれません。

　創業2年でパリコレに出るブランドも珍しく、ＢＣｏｒｐ認証も相まって、グローバルからも注目されます。

　これからはグローバルでのＰＲ活動をいっそう強化し、欧州でブランドとしての評価を高め、地理的に近く市場規模の大きい韓国や中国などのアジア市場で事業を拡大していく方針です。

　直近のヨーロッパではイタリアで高い評価を受け、韓国や中国市場での販売が先行していますが、ニットという商品イメージから当初難しいかもしれないと考えていた東南アジアや中東でも売れはじめており、今後、展開地域を拡大していく中で、ブランドの立ち位置も変わっていくと思います。

　グローバル展開が広がると、**国単位の景気循環の影響を受けにくくなる点**でも経営が安定します。いまの段階でも、**グローバルニッチ戦略が具現化できつつある**と思います。

――今後の成長戦略について、どのように考えていますか?

高橋　国内では卸事業は引きつづき展開しつつ直営店の出店加速を、海外では卸売を起点として一定事業規模に達した国から店舗出店あるいは直営店の拡大推進を、ＥＣでは継続的な顧客体験の強化と越境対応を進めていきます。

日本で4店舗出すのに、設立から約3年かかりました。海外含めて出店スピードを上げたいと思います。

商品面では、価格帯とバリエーションを増やすことが足もとの成長施策です。

布帛《ふはく》の商品をつくらないのかという声もいただくのですが、ニットにフォーカスしたビジネスモデルそのものは、向こう10年、変える必要はないといまは考えています。

松浦　ＣＦＣＬは伝統的なデザイナーズブランドビジネスですが、新しい挑戦をするスタートアップでもあるので、**ほかの企業がやらないような新しい取り組み**も進めていきたいと思います。

たとえば、ホールガーメントを活用したマスカスタマイゼーション、世界各国で地産地消を実現できるような生産体制、ブランド自身が商品の回収と修繕、付加価値を付与することによるクローズドループの構築など、たずさわる人がワクワクできるような、業界全体が活性化するような取り組みを進めていきたいと思います。

高橋　日本に自前の工場をもつことも真剣に考えています。**日本の生産現場は過去数十年で大きく疲弊**しており、国内生産を行うＣＦＣＬの生産現場も、数年先にはキャパシティが不足する可能性があります。

ホールガーメントを基盤とする工場は人口減少が進む日本にも親和性がありますし、自社で若い技術者を育て、協力工場と連携を強めることで日本の製造業にも貢献できると思います。

――話は変わりますが、経営とクリエイティブの役割分担について聞かせてください。松浦さんは、プライベートエクイティファンド（ＰＥファンド）という金融のプロフェッショナルから、なぜＣＦＣＬに加わったのでしょうか？

松浦　イギリスを本拠地とするＰＥファンドであるペルミラに在籍していたころ、世界中のファッションやビューティー等のブランド事業に投資をするチームに所属していました。

一般的にブランド事業は将来の予見可能性が低いことから投資対象にはなりにくいのですが、ペルミラでは永続性の高いブランドを見極め、すさまじい勢いで成長する世界各国のブランドに触れ、株主としてその成長を後押しする経験を得ることができました。
ただ、日本で投資先を探そうとすると、クリエイティブはグローバルレベルで十分に優れている一方で、経営面の脆弱さから事業としてスケールアップできず、結果的に投資をすることが難しいケースを数多く目にしてきました。

福田さんが前著や経済産業省のファッション未来研究会で指摘されていた、**パリコレに参加している国別のブランド数では日本は世界第3位なのに、ビジネスをうまく創出できていない**という点を肌で感じていました。

こうした背景の最大の要因のひとつは、**ファッションに興味はあっても待遇面やその閉鎖性がネックになり、他業界で経験を積んだ多様な人材が流れてこない構図**があると感じていました。

そんな中、高橋さんに出会ってこの状況を変えよう、**日本からグローバルブランドをつくろう**と意気投合したことがきっかけです。

高橋さんも、クリエイティブに最大限集中すべく、経営面を任せられる人材を探しており、私にとってもまさに運命的な出会いとなりました。

――ＰＥファンドからの参画だと、待遇面などのギャップが大きかったのではないでしょうか？

松浦　たしかに現金報酬は相当減りました（笑）。

ただ経営を担う観点では、スタートアップであるＣＦＣＬで金融と同じ現金報酬を求めることはナンセンスです。

それでも柔軟な株式報酬を高橋さんと合意できたことで、ＰＥファンドにいつづけるのと比べても遜色ないアップサイドを見込めたことが、業界に飛び込む最後の一押しとなりました。

ＣＦＣＬでは、事業が不安定なこの段階で飛び込んでくれるすべての役職員や社外専門家にストックオプションを付与しています。日本のスタートアップでよく設定される在籍要件（退職時には権利放棄をする仕組み）もありませんし、**日本で最も寛容な仕組み**を目指して設計しています。

会社が成長することで、そこに関わる人が、やりがいだけでなく、経済的にも成功できる、そういう成功例をファッション領域でつくりたい。そうすることで、**多様なバックグラウンドを有する人材がファッション業界に入る流れができ、世界で戦えるブランドももっと増えるのでは**と思っています。

高橋　デザイナーズブランドに、ほかの業界から優秀な人が来るのは稀なのが現状です。

最大のボトルネックは給与。これを上げたいですね。

ファッションには力があります。仕事としてのやりがいは十分にあります。

ストックオプションだけでなく、**事業の成長に合わせて現金報酬もしっかり上げ、ひいては日本の報酬レベルも上がることにつながれば**と思っています。

——世界では、クリエイティブと経営は分離されているのが当たり前ですが、ＣＦＣＬではどのような体制で運営されていますか？

松浦　ものづくり、ブランディング、ＰＲは高橋、それ以外の経営は松浦という役割分担です。お互い信頼し、連携しつつも任せ合っています。

正直すごくやりやすい。

たとえば、組織づくりや採用、評価、高橋や私を含めた報酬体系、資本政策といった重要な経営事項も私が担当しています。ここまで任せられるのも高橋の際立った才能だと思います。

私が参加したころは10名少々のチームでしたが、いまではファッション業界からはもちろん、テック、コンサルティング、商社、広告代理店、金融、監査法人といった他業界、日本以外にもアメリカ、欧州、アジア出身の多様なバックグラウンドをもつメンバーが集まり、現在フルタイム約40名、パートタイム約10名、外部専門家10名の計60人体制にまで拡大できました。

——昨今の二極化や世界情勢が不安定な中で、ラグジュアリーのあり方も変わりつつあります。ラグジュアリーのこれからについて、どのように感じていますか？

高橋　〝ラグジュアリー〟とは、もともとは異性に対する過剰なアピールから来ているという見方があります。

グローバリゼーションが進んだ世の中で、いま最大のアピールとなるものは**〝希少性〟**ではないでしょうか。

ラグジュアリーブランドが大衆化していく中で、アートや工芸にラグジュアリーブランドが手を出すのがその証左だと思います。

ＣＦＣＬも、ＣＦＣＬの価値観に希少性を感じ、共鳴してくれる人にアピールしたいですが、ラグジュアリーかマスかといった二項対立ではなく、別の価値観で勝負したいと考えています。

松浦　マスブランドが付加価値を高め、ラグジュアリーブランドがマスに手を伸ばす中で、ミドルレンジのブランドはどんどん苦しくなっています。

ただし、二極化しているとはいえ、**毎シーズン新しいものをつくる大量生産消費モデルからは脱していない**のが現実です。

ＣＦＣＬでは、長く着られてタイムレスでシーズンレスなものを提供したい。

「マスVS.ラグジュアリー」のような二項対立とは別の軸で、**持続可能な価値観を共有するすべての人に届けられるようなブランド**を目指しています。

――日本のアパレル業界がもっとグローバル化するために、必要なことや問題意識があれば、教えてください。

高橋　**プロダクトをしっかりつくる。これに立ち返る**ことではないでしょうか。

日本の強みはものづくりです。

西洋的なトレンドに乗るのではなく、プロダクトブランドをつくるほうが向いていると思います。西洋の真似をするから、失敗するのだと思います。

とにかく、**海外に出て、海外の多様な人々を観察して、日本の伝統と向き合い、世界で売れるプロダクトを考えること**です。

日本のアパレルでよくいわれる**「同質化の問題」**が起こるのは、日本しか見ていないからです。同調圧力が強い日本の消費者は、ニーズが同質化しています。

松浦　日本には世界に類を見ないほど、豊かで多様なコンテンツがありますよね。

独自性はガラパゴスな環境でこそ育ちます。

日本中の津々浦々に、ユニークな文化的背景が醸成され、独自コンテンツになりえるポテンシャルをもっている。こんな国は世界中を見回してもなかなかありません。

岡山・広島のデニムのように、地域とプロダクトが合わさってブランド化に成功する事例も出てきています。

世界を見て、わが身を振り返って、さまざまな角度から海外への訴求を考えていくことが大事です。

ラグジュアリーとグローバルＳＰＡという二極化に対する答えが、日本のあちこちに眠っていると思います。

テクノロジーの発展はとどまるところを知らず、世界中のありとあらゆるモノが、現実にも非現実にも手に入るようになり、**世界はますますコンテンツの時代**になります。

日本のファッション産業は、かつての製造業のように、**世界に誇る日本の基幹産業**になりえる。私はそう思っています。

第5章

日本のアパレル／ライフスタイル領域の企業は、いま何をすべきか

第5章では、これまで説明してきた事業環境変化や、環境保全と経済性を両立していくために必要なイノベーションを踏まえて、**いま日本のアパレルおよびライススタイル領域の企業は何をすべきなのか、どのように変革すべきなのか**を、本書のまとめとして考察していきます。

2040年のライフスタイルを創造するのは、いったい誰か

これまで見てきたように、2040年の私たちのライフスタイルは、気候変動の影響を受け、大きく変わっていくでしょう。

気候変動を分析する科学者は警鐘を鳴らしつづけていますが、地球のシステムは海流から大気の流れまで複雑に絡み合っており、一定の閾値《いきち》を超えてしまうと連鎖的に悪化していく可能性があります。

環境学者のヨハン・ロックストロームは、その閾値を**「ティッピングポイント」（臨界点）**と呼び、温暖化の歯止めがきかなくなるホットハウス・アース・シナリオを示しています。そして、閾値は産業革命前から平均気温が2度程度上昇した地点と指摘しており、すでに約1度上昇している現在、**目の前に迫っている可能性**があります。

CO_2換算で510億トンもの排出量をネットゼロにするには、特定の産業や機関に任

せるだけでは不十分です。民間から政府まであらゆる人々が国際的に協力し合わないと、到底なしえないことは想像に難くありません。

当然、私たち現代人も、日常生活からライフスタイルを見直していくことが求められるでしょう。

その際、**あるべきライフスタイルを示し、市民をリードし変えていく役割**は誰が担うべきでしょうか。

政府でしょうか。はたまた影響力のある個人でしょうか。

地球に負荷をかけないライフスタイルの創造は「企業」の使命

筆者は、資本主義の枠組みで世の中が成り立っている以上、アメリカや日本のような社会では、**企業が担うのが最も実効性を高められる**と思います（もちろん国により最適解は異なります。また、企業に担わせるためには、さまざまな制度を導入し、**金融の仕組み**を変え、**成長主義に寄りすぎた現在の資本主義の仕組みを修正すること**が大前提です）。

衣食住のビジネスを展開する企業が、環境保全と企業活動が両立する循環型・再生型のビジネスモデルを創造し、お客様に対してカーボンフットプリントを加味した持続可能なライフスタイルを提案・提供していくこと。そして、**循環型・再生型モデルを高級品にとどめず、マスを含めた経済全体に広めていく**こと。

これがカーボンニュートラルを目指す社会のあるべき方向性ではないでしょうか。

昨今の論調として、資本主義そのものを否定するような考え方も出てきていますが、明日から新たなイデオロギーのもと、世の中のシステムをすべて刷新するなどということは、現実的ではありません。

株主資本主義で大量生産・消費に行き過ぎた過去を反省し、**株主のみならず地域・社会・従業員など、さまざまなステークホルダーのバランスをとる資本主義に移行する**こと。そして、**最大のステークホルダーである地球に対して最大限の配慮をする**こと、これが当面の現実解だと思います。

経済学者のケイト・ラワースが提唱しているドーナッツ経済学のように、**成長だけを目的とせず、持続可能な未来をつくるための考え方を、企業活動と企業価値評価に落とし込んでいく**ことが重要です。

ラワースは、人間が目指すべき持続可能な未来をつくるための経済活動範囲を、2つのドーナッツの輪を示して説明しました。

図表27に示すドーナッツの外側は、**「プラネタリーバウンダリー」**と呼ばれる、地球が支えられる資源容量や環境限界を示します。

一方、ドーナッツの内側は、社会の基本的なニーズ、つまり人間がウェルビーイングに生きるために必要な食料、住居、教育、医療などの基盤を示します。

ラワースは**持続可能な経済とは、2つの輪の中で、地球の環境限界を守りつつ、人々の**

図表27　ケイト・ラワースの社会と地球の限界のドーナッツ

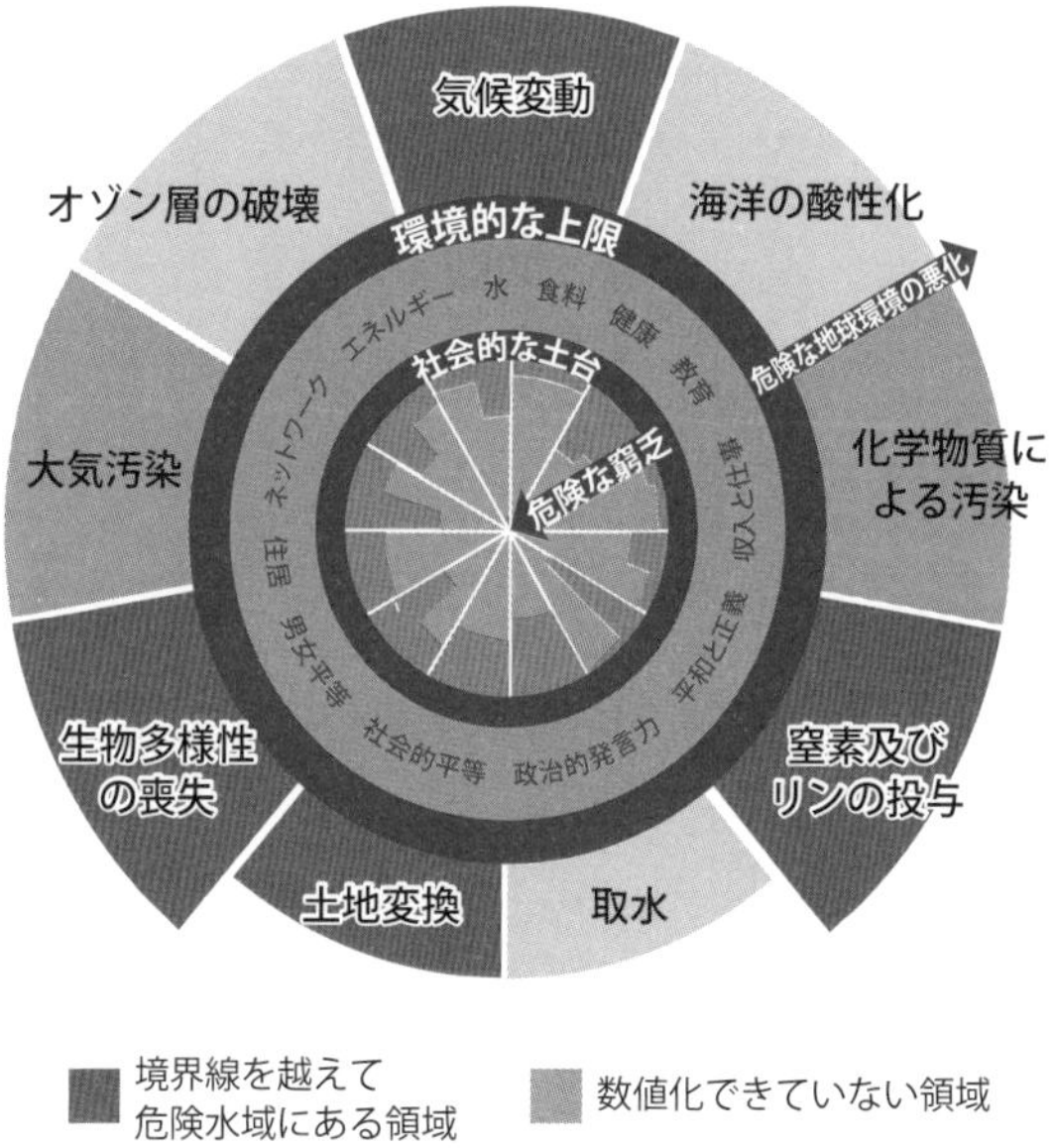

ドーナッツの外側は、地球の限界を表し、地球が支えられる資源量や環境容量を指す。ドーナッツの内側は、社会のニーズを表し、人間がウェルビーイングに生きるために必要な食料、住居、教育、医療などの社会的な基盤を示す。持続可能な経済とは、2つの輪の中で、地球の環境限界を守りつつ人々のニーズを満たす社会を作ることにある。しかしながら、現状は、気候変動をはじめとして、人類は複数の領域で環境的な上限を超えた位置にいる

出所：『ドーナツ経済学が世界を救う』及びwww.kateraworth.comより著者作成

ニーズを満たす社会をつくることとしています。

しかしながら、現実はそうなっていません。

人間が消費する**マテリアルフットプリント（消費する天然資源量）**は増えつづけ、複数の領域でプラネタリーバウンダリーを超えています。

経済人類学者のジェイソン・ヒッケルによれば、ＧＤＰ成長率が世界各国の主要な政治目標となり、経済成長に拍車がかかって以降、マテリアルフットプリントは爆発的に増えつづけています。

地球が耐えられるマテリアルフットプリントは年間約５００億トンまでとされていますが、**現在はその倍以上となっており、この超過は事実上、高所得国での過剰消費**よりもたらされていると指摘しています。

生き残れる消費財・小売企業の3つの共通点

資本主義はこれまで、企業に自由な活動を許し成長を促してきました。

結果として、さまざまな消費財・小売業界において、供給過剰や企業数の超過がつづいています。

ただ、第1章で見てきたように、今後はリアルの総需要が伸びにくくなり、環境負荷の観点で企業活動に制約がかけられます。中長期的には、企業の合従連衡が進み、企業数は減少していくでしょう。

その中で、**生き残る消費財・小売企業の共通点**は何でしょうか。

あくまで私見ですが、大きく３つのポイントがあると思います。

ポイント①　カーボンニュートラルに向けた取り組みと外部とのコミュニケーション

まず、**カーボンニュートラルに向けて真摯に取り組み、その進捗状況について、市場および生活者と適切なコミュニケーションを行っていく**ことです。

「そんなの当たり前じゃないか」といわれそうですが、その実現の難しさについてきちんと理解して、カーボンニュートラル宣言を行っている企業はそう多くないと思います。

日本政府が２０５０年カーボンニュートラル目標を国として掲げたため、多くの企業が社会要請として追随しましたが、削減の目途が立っていない状況ではないでしょうか。

今後、さまざまな業界の企業がＳｃｏｐｅ３の削減と企業成長の両立に苦しむでしょう。

その中で、**真摯に、地道に、CO_2削減に取り組み、結果を出し、その状況を具体的に透明性高く、外部とコミュニケーションしてやり遂げる企業**が、中長期的に企業価値を高めていくと思います。

ポイント②　循環型・再生型ビジネスモデルの拡大

次に、**循環型・再生型のビジネスモデルを事業に取り入れ、徐々にその構成比を高めていく**ことです。

ここまで説明してきたように、バージン素材を使ってこれ以上ものづくりを行うことは、地球の環境限界を超えた行為です。

すでにあるものを再生して環境負荷をかけずに製品をつくること、バージン素材をできるだけ使わず、原料が回るような循環型モデルをつくること、これが地球からの要請です。また、第3章で紹介したリジェネラティブ農業のように、環境負荷を減らすだけでなく、環境そのものを再生していくようなアプローチをビジネスモデルに取り入れること、これが持続可能な未来をつくるために必要な方向性です。

アパレルでいえば、**新品の物販による売上構成比率を下げ、サブスクやリユースのような循環型事業の構成比を高める、素材調達においてリジェネラティブ比率を高めていく、**といった経営の転換です。

そのためのＫＰＩ設計や大規模な組織改革も必要でしょう。

ポイント③　持続可能な未来をつくるための長期思考

最後に、**短期的な企業価値拡大よりも、持続可能な未来をつくるための長期思考の経営を優先する**ことです。

カーボンニュートラルにしても、循環型・再生型の事業にしても、実現には時間を要します。

いわゆるグリーントランスフォーメーションは、企業にとって長期投資となります。経営陣が自身の在任期間に売上・利益を最大化することにフォーカスするとしたら、取り組みは形だけとなりがちで、中長期的には頓挫する可能性が高いでしょう。

いま企業経営者に求められるのは、**持続可能な未来をつくるための長期思考の経営**です。

イギリスの文化思想家ローマン・クルツナリックは、どうしたら現代人が気候変動をはじめとする社会課題を解決し、世代間の格差を是正し、よき祖先になれるかを論考した名著『**グッド・アンセスター　わたしたちは「よき祖先」になれるか**』の中で、次のように述べています。

> 私たちは短期主義との綱引きに一刻も早く勝利する必要がある一方で、同じように、長期思考の希望に対して、大きな望みをもって意欲的にならなければならない。これは、人間の心をめぐる戦いだ。

瀬戸際のいま、衣食住の「コモン」の担い手はどこか

ここまでアパレルのケースで見てきたように、増えつづけてきた現代人の消費量を削減し、脱炭素に向かうことができるかどうかは、今後の大きな社会テーマです。

これは肉などの食料生産でも同様の傾向が見られ、大局的に見ると現代人の衣食住ニーズを満たしつづけることが、環境限界を招く一因となっていることは疑う余地がありません。

筆者は、**資本主義をアップデート**し、前述のように**企業が長期思考で努力をつづければ、短期思考の会社は淘汰され、まだ問題解決ができるのではないか、ぎりぎり間に合う**のではないかと考えています。

もちろん、現在国際的に検討が進められているサステナビリティ基準や監査の導入のような、長期思考の会社が勝ち残れるような制度や枠組みの導入が前提です。

一方で、気候変動の悪化スピードによっては、そのようなアプローチでは間に合わない可能性も十分にあります。

その場合、どのような解決策があるのでしょうか。

ひとつのアプローチは『**人新世の「資本論」**』で哲学者の斎藤幸平さんが説く**「コモン**

（共有財産）」のような考え方でしょう。

最低限の衣食住や社会福祉・公共サービスは人類の「コモン」として共有資産化し、総需要が環境限界を超えないようコントロールしていくようなアプローチです。

その場合、現実的には「コモン」の担い手が誰になるか、成長によりすぎないポスト資本主義経済にどのように移行するのかという論点があり難しい問題です。

いずれにせよ、アパレルをはじめとする消費財・小売企業は、そのような局面まで至らぬよう、英知を結集し、協調してカーボンニュートラルを目指すことが必要ではないでしょうか。

ラグジュアリーブランドも決して盤石ではない
――抱える「2つのリスク」とは？

第1章で成長余地を説明したように、二極化が進む世の中で、一定の富裕層をとらえているラグジュアリーブランドは、安定した事業基盤を築いているように見えます。少なくとも足もとのラグジュアリーコングロマリットの業績を見る限り、悪い兆候は見当たりません。

しかしながら、２０４０年の時間軸で見ると、ラグジュアリーブランドも決して盤石ではなく、大きく**2つのリスク**を抱えています。

リスク① 時代遅れのラグジュアリーでは太刀打ちできない

ひとつめは、安西さんや中野さん（183ページ参照）が指摘するラグジュアリーのあり方の変容です。

きらびやかなだけのラグジュアリーは時代遅れとなりつつあり、最先端のラグジュアリーは、**工芸、アート、ローカル文化とのつながりなど、よりヒューマニズムを感じられるものや、人間にとって意味や意義のあるもの**に移りはじめています。

少なくとも、ラグジュアリーブランドのロゴをTシャツやキャップにつけるだけで儲かるようなタイプのビジネスは衰退していく可能性があります。

リスク② 顧客層の「お金の使い方」の変化

2つめは、富裕層や意識の高い層の「お金の使い方」が変わることです。

気候変動の悪化が進めば、富裕層や問題意識の高い層は、ラグジュアリーブランドにお金を使うよりも、気候変動に挑むクライメートテック（気候変動に挑むテクノロジースタートアップ企業）への投融資や、気候変動の被害を受けたグローバルサウスへの支援などに熱心になるでしょう。

つまり、**温暖化にともない、社会で必要とされるお金の使い方が、より利他的な方向へ**

とシフトしていくのです。

変化する「ラグジュアリー」の意味合いや装い

かつて、スティーブ・ジョブズのようなシリコンバレーの成功者がノームコア*を生み出したように、**ファッションにお金や時間を投じることがそもそもクールでなくなる可能性**もあります。

アメリカの社会学者ポール・ファッセルは、著書『階級（クラス）「平等社会」アメリカのタブー』の中で、１９８０年代以前の旧きよきアメリカの最上流階級のクールな装いの象徴として、安価なＴＩＭＥＸの腕時計とバンパーが汚れたクラシックカーの組み合わせを指摘しました。

前者は遺産で生活できるため時間やステイタスに縛られていないことを意味し、後者は家の門から車庫までの間に舗装されていないクネクネした砂利道が存在することを暗に意味しており、**その組み合わせがアイロニカルにクール**なわけです。

時代とともに、ラグジュアリーの意味や装いに対する考え方は変わります。

＊普通を意味するNormalと、究極を意味するHardcoreを合わせた造語。ファッションに時間をかけることをクールとせず、トレンドを意識せずに日々同じような衣服を着ることを指す。

実際、足もとでは**「クワイエット・ラグジュアリー（静かなるラグジュアリー）」**のように、華美にならずシンプルで抑制されたデザインと上質な素材を組み合わせたファッションが、ラグジュアリー業界および富裕層スタイルの新しいトレンドとして出てきています。

２０２３年10月には、セリーヌで長年クリエイティブディレクターを務めた後、充電中だった**フィービー・ファイロ**が自身の名前を冠したブランドとともに業界にカムバックしました。そのなかでフィービーは、**過剰生産を避けるために従来のコレクションカレンダーからは離れ**、自身のスケジュールで発表していくことを宣言しています。

かつて、カトリック中枢部の問題からプロテスタントが生まれたように、時代の変曲点を迎えたいま、**「新しいラグジュアリーの考え方」が旧型の対抗勢力として急進してくる可能性**は大いにあります。

ＬＶＭＨが岡山のデニム企業クロキと提携した意味

日本のデニムは、昔から**「ジャパンブルー」**と呼ばれ、高い評価を受けてきました。デニムの藍色を生み出す「インディゴ」と呼ばれる染料は、グローバルでは大半が人工染料となっていますが、岡山や広島に残る産地の藍染めは天然染料を用いており、独特の風合いや色落ちが出るからです。

サンローランをはじめ、日本のデニム生地は世界の名だたるブランドで使われています。そのような中、２０２３年４月、ＬＶＭＨグループとデニムメーカーの**クロキ**が提携して話題となりました。

クロキは岡山県に自社工場を構えるメーカーです。生地の染色から加工まで一貫して手がけ、ＬＶＭＨグループの複数ブランドにデニム生地を提供してきた実績もあります。

一方、ＬＶＭＨはグループ企業のひとつに、職人の技術継承や発展支援を目的とした**ＬＶＭＨメティエダール（メティエダールとは芸術的な手仕事を意味するフランス語）**を２０１５年に設立しています。

今回クロキとの提携は、ＬＶＭＨメティエダール経由で行われました。

今後は、クロキとＬＶＭＨブランドのデザイナーが素材開発の上流工程から連携したり、素材の優先調達先にしたりするとのことで、必要に応じて資金支援も検討するそうです。

また、ＬＶＭＨは今後、日本の繊維産地や伝統工芸領域でＬＶＭＨメティエダールとの提携企業を増やす考えを表明しています。

日本の伝統技術や工芸で評価されるのは、デニムだけではありません。

世界初の１５０センチ幅の西陣織織機を開発し、西陣織のグローバル化に成功した**ＨＯＳＯＯ（細尾）**は、クリスチャンディオール、シャネル、カルティエ、グッチ、ザ・リッツ・カールトン、レクサスなどに採用され、ラグジュアリーメゾンや一流ブランドに引っ張りだことなっています。

HOSOOの美意識と伝統技術がつくり出す工芸は、世界中のブランドを魅了してやみません。２０２３年11月には、シルク産業の更なる発展を企図して、ＨＯＳＯＯとＬＶＭＨメティエダールの提携も発表されました。


また、シャネルは、**「le19M（ル・ディズヌフ・エム）」**という職人と伝統工芸を次世代に継承する一大プロジェクトをはじめています。

19は創始者ガブリエル・シャネルの誕生日へのオマージュであり、シャネルのラッキーナンバー。Mは、Métiers d'art（メティエダール）、Mode（モード）、Main（フランス語で手）を意味し、職人とそのノウハウへの敬意を表しています。

プロジェクトでは、パリに建築家ルディ・リチョッティが設計した2万５５００平方メートルの建物をつくり、11の工房と６００人の職人を招いて、**伝統技能の継承と発展**に取り組んでいます。

このように、ラグジュアリーメゾンが伝統工芸やアート、職人技に積極的にアプローチするのも、**ラグジュアリーが次の付加価値を模索している**ことの証左といえるでしょう。

ラグジュアリーブランドも、中長期的に自らの価値や存在意義を保つべく、さまざまな文化遺産や伝統技術・工芸に新しい美や夢を求めて、戦略的にアプローチをしているのです。

国内アパレル業界にじりじりと迫る脅威

ここまでは世界のアパレル／ラグジュアリー業界を中心に、気候変動を中心とした問題と今後のあるべき姿について見てきました。

では、国内アパレル業界は、現在どのような状況に置かれているといえるでしょうか。

第2章で説明したように、国内アパレル業界の気候変動対策は、グローバル基準で見ると不十分です。

とくに、Ｓｃｏｐｅ３については、多くが企業単位でCO_2排出量をざっくり算出した程度の段階で、素材別・ＳＫＵ別の排出量管理や、具体的なＳｃｏｐｅ３の削減ロードマップは描けずにいます。

一方で、**そもそも日本社会全体がエネルギー問題を中心に脱炭素に向けた取り組みにおいて世界から遅れている**こと、生活者自身の意識も消費行動に影響を及ぼすほどには**脱炭素の意識が高くない**ことを加味すると、現状の国内企業の対応状況は致し方ないともいえます。

これまで説明してきたように、ファッション業界は社会の趨勢を端的に切りとるため、

日本のアパレル業界の現状は、日本全体のカーボンニュートラルに対する進捗状況を象徴的に示しているのかもしれません。

　しかしながら、欧州を中心に進められている「ＤＰＰ」のような環境規制が広まると、今後日本のアパレル業界にとって脅威となる可能性もあります。

未来に「選ばれるブランド」となりえるか

　最大の脅威は、数年後、欧米のブランドがＤＰＰに対応し、製品単位で環境負荷情報を開示して生活者とコミュニケーションをとりはじめたとき、**このままいくと多くの国内ブランドが対応できない可能性がある**ということです。

　現状海外ブランドでも、製品単位でカーボンフットプリントを開示しているのは、スニーカーの**オールバーズ**、**リフォーメーション**、**コーチトピア**など一部に限られます。国内ブランドでは、アダストリアの**Ｏ０ｕ（オー・ゼロ・ユー）**くらいです。

　しかしながら、数年後にはファストファッションからラグジュアリーまで、ＤＰＰ対応を進める欧米ブランドは、カーボンフットプリントをはじめとする環境負荷情報を、製品単位で開示できるようになります。当然、グリーンウォッシュにならない範囲で、生活者とのコミュニケーションを強化してくるでしょう。

　そうなると、生活者の購買行動はどのように変化するでしょうか。選ばれるブランドは、どう変わるでしょうか。

そして、「日本の生活者のカーボンフットプリントに関する意識は低いから影響はない」と考えて大丈夫でしょうか。

そんなことはないと思います。

欧州で食品分野から環境情報開示が進み、生活者の意識を変えたように、日本でも生活者の意識が食品から変わるかもしれません。

実際、２０２３年6月よりイオンがCO_2排出量の削減度合いを示すラベルの貼付を開始し、野菜や果物など最大23品目で展開しています。

国としても、23年度中に食品の脱炭素評価方法やラベルの運用方法などをまとめたガイドラインを作成する計画で、食品・小売業界全体で対応が進みそうです。

今後の気候変動問題の悪化状況にもよりますが、**日本でも徐々に、生活者の脱炭素を巡る意識や購買行動が変わっていく**と思います。

また、何よりもカーボンニュートラルを掲げる企業であれば、製品単位でのカーボンフットプリント開示は、CO_2削減施策の一環として取り組むべき課題でしょう。

グローバル化のカギを握るのは「商社」

日本の場合、製品レベルの環境負荷情報開示を進めるうえで、カギを握るのは商社です。
理由は、大きく2つあります。

理由①　OEM、ODMへの委託

まず、日本のアパレル企業の多くが、**OEM（取引先ブランドの生産委託）やODM（取引先ブランドの企画・生産委託）の形で商社にものづくりを委託している**ことです。

その場合、工場やサプライチェーンは商社が管理することになり、アパレル側は直接工場から環境負荷情報を取得することが難しくなります。

理由②　中小企業の多さ

次に、国内アパレルの多くが中小企業であり、環境負荷情報の把握を自前で進められるようなアパレルは一部の大手に限られることです。

中小企業はリソースが限られているため、**製品の環境負荷情報を把握するためには、ものづくりを委託している商社からの情報提供に頼らざるを得ない**でしょう。

川下のアパレル側がフラグメントな一方、川中の商社は比較的規模の大きな企業が多く、体力があります。総合商社の繊維部門だけでなく、繊維専門商社を見ても、売上数百億円以上の規模が一般的です。

この**「日本独自のエコシステム」ともいうべき商社が情報提供に積極的になれば、川下のアパレルも大きく変わります。**

また、ＤＰＰ対応の流れは、前述の「脅威」をもたらす一方で、**商社にとっては「機会」ももたらします。**

それは、**Higg Indexよりも中立的な環境負荷情報のデータベースを、世界中が欲している**ということです。

日本の繊維商社は、アパレルのあらゆる製品の生産工程や素材調達に絡んでいます。そこから得られる環境負荷情報を集計・データベース化し、クラウドサービスとして提供していけば、日本だけでなくグローバルでビジネスチャンスになります。

現状、アパレル業界向けに特化した詳細な二次情報データベースはHigg Indexなど数が少なく、かつHigg Indexには**政治的に賛否両論**があります。

そのような中で、**日本発でより中立的なデータベースがグローバルに提供されれば、企業側の選択肢も広がり、業界全体にとってプラスとなる**でしょう。

商社が日本のアパレル業界、ひいては世界のアパレル業界のグリーントランスフォーメーションを牽引していくことを切に望みます。

必要なのは、量的ビジネスではなく「循環型・再生型」という質的ビジネス

先ほど、日本のアパレル業界の特徴である商社の立ち位置を活かしたビジネスチャンスについて述べました。

一方で、川中を起点とした商社のビジネスモデルには、これまでの**量を稼ぐ物販ビジネスから抜け出しにくい**という課題もあります。

繊維商社のビジネスモデルの大半は、アパレル企業からのＯＥＭ、ＯＤＭです。最終製品の小売価格はアパレル側がコントロールするので、商社にあまり価格決定権はありません。

たとえば、ラグジュアリーブランドのように**生産量を絞った分、値上げして売上を伸ばすようなプライシング戦略**はとりにくいのが現状です。売上を伸ばすためには、取引先を増やす、1社あたりの取引量を増やすという「量」のビジネスになりがちです。

ところが、これまで説明してきたように、**アパレル業界の環境問題は増えつづける生産量に起因**しており、**とくにCO_2削減の観点では量を減らしていくことが喫緊の課題**です。

商社のビジネスモデル上、量の削減と経済活動をどのように両立していくかは悩ましい

問題です。

アディダスの「海洋プラスチックごみから製品をつくる」ビジネスモデル

そこで新しい事業として取り入れたいモデルが、**循環型や再生型のビジネス**です。

人間の活動が地球のキャパシティを超えた環境限界に達していることを踏まえると、今後は循環型や再生型の事業を増やしていくことが必要です。

目指すべき姿は、企業活動による環境負荷が最小化されるだけでなく、**企業活動そのものが環境の再生につながること**です。

たとえば、**アディダス**では、海洋プラスチック廃棄物を原料とした素材でスニーカーやスポーツウェアをつくる取り組みを長年グローバルで行っています。

すでに世界の海洋に投棄されたプラスチック廃棄物を１４００トン以上回収し、それをリサイクルすることで数百億円の事業に育てました。

この事業では、プラスチックごみからスニーカーへのリサイクルが回っているだけでなく、**「売上が伸びるほど海の再生につながる」という再生型のビジネスモデル**を実現しています。

伊藤忠商事とエコミットが取り組む「衣服の回収サービス」

循環型社会へのシフトに向け、大手商社も動きを加速化させています。

伊藤忠商事は、リユースやリサイクルなどの循環型ビジネスを展開するＥＣＯＭＭＩＴ（エコミット）と資本・業務提携し、**繊維製品の回収サービス「Wear to Fashion」**の展開に力を入れています。

エコミットは、ビジョンとして「すべての必要とすべての不要をつなげる。捨てない社会をかなえる」を掲げ、２００７年に鹿児島で設立。**モノが循環する仕組みをつくる「循環商社」**を標榜しており、古着の年間取り扱い実績は１万２０００トンを超えています。

伊藤忠商事とエコミットが取り組むWear to Fashionは、企業やブランド、商業施設、自治体に衣類の回収ボックスを設置し、さまざまな回収拠点で生活者から衣類を回収・分別し、リユースやリサイクルへつなげる取り組みです。

回収拠点はすでに３０００箇所に達しており、**２０２３年内には１万箇所への拡大**を目指しています。

回収した衣類は、環境負荷低減効果の最も高いリユースに可能な限り回し、リサイクル可能なポリエステル製品は、伊藤忠商事が展開する**再生ポリエステル素材「ＲＥＮＵ」**の原材料となります。

また、リユース・リサイクルが難しい素材は、断熱材や固形燃料として有効利用し、焼却処分される廃棄量を減らすことで、CO_2排出量の削減を目指しています。

東リの「タイルカーペット完全循環型リサイクル」

衣料品ではありませんが、同じ繊維製品であるタイルカーペットのトップシェア企業の**東リ**は、タイルカーペットで完全循環型リサイクルシステムをつくり出しています。タイルカーペットとは、一辺が40～50センチほどの正方形で、床に敷き詰めて使います。オフィスやホテルをはじめ、最近では家庭での利用も増えています。

東リでは、**使用済みタイルカーペット廃材を回収して、すべてをタイルカーペットにリサイクルする自社完結の循環型システム**を２０２２年5月から始動しています。カーペットの上層（繊維部分）と下層（塩ビ樹脂バッキング部分）を分離することなく混合・溶融し、再利用可能なリサイクルチップに加工する技術を開発しており、コストもバージン素材を使う場合と比べ、ほぼ同等にまで削減できています。

東リによれば、現状売上の約10％をリサイクルカーペットが占めるまでに成長しており、今後の成長・発展が期待できます。

なお、タイルカーペットは業界全体で環境対応が進んでおり、政府によるグリーン購入法の調達基準には、リサイクル材の25％以上の使用を明記していることに加え、ＬＣＡベースでCO_2排出量の定量的な環境情報の開示が追加されています。

　このように、環境負荷が高いとされる繊維・アパレル業界でも、**特定カテゴリーに絞った垂直統合型モデルをデザインすることで、環境負荷の低い循環型モデルを実現することが可能**です。

　商社に限らず、日本のアパレル企業は、今後いかに量のビジネスを抑え、循環型・再生型のビジネスモデルを創造できるかが、生き残りに向けたひとつのカギとなるでしょう。

　なお、サーキュラーエコノミーを推進することを目的に２０１０年に設立されたイギリスの「エレン・マッカーサー財団」は、**「サーキュラーエコノミー3原則」**として、次の３つを定義しています。

①Eliminate waste and pollution（廃棄や汚染をなくす）
②Circulate products and materials（製品と素材を循環させる）
③Regenerate nature（自然を再生する）

　このように、もともとサーキュラーエコノミーという概念には、リジェネレーション（再生）そのものが含まれています。

ただ、一般的にはサーキュラーエコノミーというと循環型モデルを想像することが多く、本書では循環型と再生型は言葉として分けて取り扱っています。

Circular Fashion Index（循環性指標）から見たアパレル企業の世界トップ10

筆者が在籍しているグローバル経営コンサルティングファームのA・T・カーニーでは、2020年より**CFX（Circular Fashion Index）**という、アパレル企業の循環性に対する取り組みを評価する指標を発表しています。

指標では、図表28のように一次流通と二次流通での取り組みを7つの側面から評価しています。

具体的には、次の7項目で各10点満点評価をしています。

①再生素材・低環境負荷素材を使用している製品の割合
②循環型を訴求するコミュニケーション施策
③製品をケアして長く使うことに対する説明内容とユーザーから見た情報アクセスのよさ
④リペアサービスの有無／内容

図表28　Circular Fashion Index（CFX）の評価項目

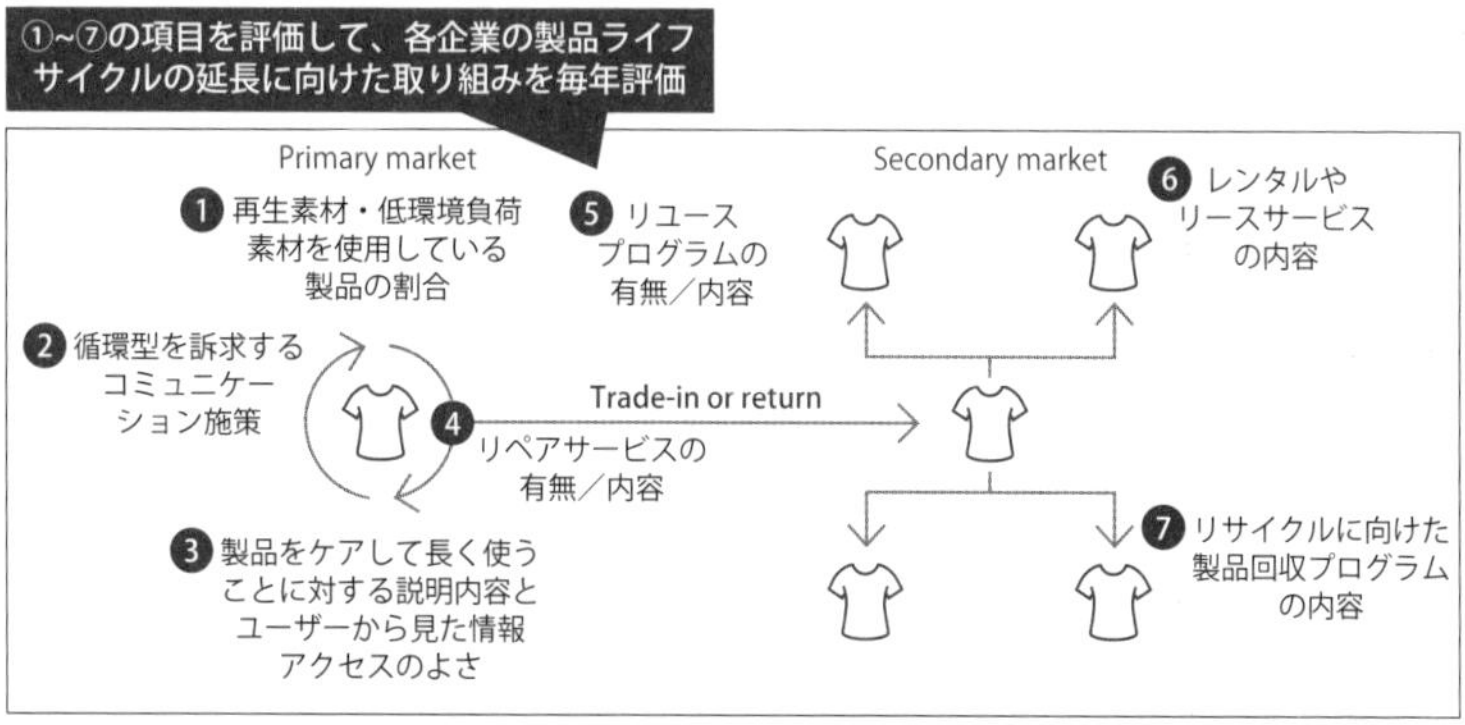

出所：A.T.カーニー

⑤リユースプログラムの有無／内容
⑥レンタルやリースサービスの内容
⑦リサイクルに向けた製品回収プログラムの内容

最新の調査では、20カ国で200のグローバルブランドを、

・ラグジュアリー
・アフォーダブル・ラグジュアリー
・マスマーケット
・ファストファッション
・スポーツ&アウトドア
・アンダーウエア&ランジェリー

の6つの部門別にスコアリングを行いました。上位3社は、

図表29　2023年のCFXスコアランキングトップ10

Rank 2023	Rank 2022	Brand name
1	1	Patagonia
2	2	Levi's
3	3	The North Face
4	5	OVS
5	6	Gucci
6	—	Madewell
7	8	Coach
8	4	Esprit
9	9	Lululemon Athletica
10	10	Lindex

出所：A.T.カーニー

1位　3年連続で「パタゴニア」（スコア8・65）
2位「リーバイス」（スコア8・30）
3位「ザ・ノース・フェイス」（スコア7・90）

となりました。

前回からさらにスコアを伸ばした**パタゴニア**は、7つの項目すべてで高いスコアを獲得しています。リジェネラティブ素材の割合が高まったことで、前年からスコアを伸ばしています。

リーバイスは、ウェブサイトにリサイクルデニムの特設ページを設け、サプライヤーマップとカーボンフットプリントを公開する新たな取り組みでスコアを伸ばしました。

また、ラグジュアリーでは**グッチ**が

図表30　部門別の平均CFXスコア

	ラグジュアリー	アフォーダブルラグジュアリー	マスアパレル	スポーツ／アウトドア	ファストファッション	アンダーウェア
ブランド数	41	42	46	25	38	8
平均値（1–10）	2.99	2.95	3.11	3.52	2.48	2.66

出所：A.T.カーニー

最高順位となり、全体の5位に位置しています。

グッチは、「Gucci Equilibrium」という人と地球のために積極的な変化を生み出そうとする取り組みに力を入れています。

このプログラムを通じた製品の寿命と循環性に関するコミュニケーションなど、さまざまなサステナビリティに関わる取り組みが評価されました。

一方、全体を見ると、ＣＦＸの２００社の平均スコアは、**10点満点中のわずか2・97**にとどまっています。第1回目の調査では平均値が1・6だったことを踏まえれば、わずかながら改善していますが、十分とはいえません。

部門別に見ると、スポーツ&アウトドアがトップで、マスアパレルがそれにつづき、最下位はファストファッションです。

また、国別ではフランスがトップでスコア3・43（28ブランドの平均）、2位がアメリカでスコア3・32（57ブランドの平均）という結果となりました。

Ａ・Ｔ・カーニーとしては、ＣＦＸによる企業のモニタリングと平均スコアの上昇を通じて、**業界全体がサステナブルな循環型モデルに移行していくことを望んでいます**。

また、筆者個人としては、日本企業に対するCFXのカバレッジが増え、トップ10入りする日本企業が出てくることを期待しています。

CFXをグローバルでリードするA・T・カーニーニューヨークオフィスのパートナーブライアン・エリッグは、本書に向け次のようにコメントしています。

> 過去3年間ファッション業界におけるサーキュラーエコノミーに向けた取り組みをグローバルで調査してきましたが、正直進捗が遅いと感じています。
>
> 中古衣料品市場が拡大し、企業による再生素材の利用も徐々に増えている一方、生活者はまだ何がサーキュラー化に向けた生活習慣なのか十分に理解しているとはいえません。
>
> 我々はサーキュラーエコノミーの実現に向け、企業・生活者双方にもっと働きかけていく必要があると感じています。

アパレル企業は5Rにどう取り組むべきか？

ＣＦＸでも触れたように、アパレル企業がリペアやリユースをはじめとする活動に取り組むことは、アパレル業界を循環型に変えていくために不可欠な行動です。

以前は、リデュース、リユース、リサイクルが3Rと呼ばれ、代表的なサステナブルな行動でしたが、最近では、**リペアとレンタルを加えた5R**の重要性が増しています。

最もサステナブルな消費行動「長く着る」をサポート

衣料品の最もサステナブルな消費行動は何かといわれたら、答えはシンプルで**「長く着ること」**でしょう。

第2章でも触れましたが、Ｔシャツ1枚の生産から排出されるCO_2は約5キロ。これは**ファストファッションのTシャツでも、高価なデザイナーズブランドのTシャツでもほぼ同じ**です。

一方で、2~3回着てワンシーズンですぐに捨ててしまうというような消費と、穴があくまで100回以上着つづけるような消費とでは、着用1回あたりのCO_2排出量は大きく異なります。

長く着ることが環境負荷の低い生活につながることは自明です。

その観点で、**企業が自社製品のリペアサービスを提供すること**は、大事なアクションになります。

しかしながら、**リペアに代表される５Ｒは、企業の収益にはつながりにくい活動**です。

実際、「自社製品のリペアやリユースは儲からないからやりたくない」という声を、経営者の方から耳にしたことがあります。

厳しい言い方にはなりますが、気候変動のリスクが高まる現在、これまでと変わらず「儲かる・儲からない」のみを優先的な判断軸とするのは危険です。

アパレルを持続的な業界にするための取り組みは、コストではなく、企業活動をつづけるための必要投資と考えるべきです。

実際フランスでは、２０２３年秋から**衣類・靴のリペアを支援する制度**を開始しています。

生活者にリペアによる長期利用を促し、補修1回あたり6ユーロから25ユーロの補助金を支給。リペアされる衣類・靴を、２０２８年までに35%に引き上げることを目指します。

支援の原資は拡大生産者責任のもと**生産者や輸入者に課せられ**、拠出額は23年から28年までの**５年間で１億５４００万ユーロ（約２４０億円）**にのぼります。

デザイン、企画、MDの段階から5Rを意識する

パタゴニアでは、リペアについて**自社製品と顧客に対する「投資」である**と位置づけています。

製品のリペアを持続的に行うためには、補修のための材料や工房の確保、そして従業員のトレーニングにも多大なコストがかかります。しかしパタゴニアは、これらを創業以来つづけています。

企業の製造者責任を問うＥＰＲをもち出すまでもなく、**アパレル企業は販売後、自社の製品がどのようなライフサイクルを辿るのかについて考慮すべき時代**でしょう。

それでは、企業がこれから５Ｒに取り組む際、まず何から考えるべきなのでしょうか。

重要なのは、５Ｒの視点を、製品デザインや企画、ＭＤ段階から取り入れることです。

リペアにおいては、衣服のデザインや素材により補修のしやすさが変わります。

リユースでは、耐久性のある素材・構造の衣服ほど、何度もリユースされます。

リサイクルは、素材の混紡率や副資材の使い方により、リサイクルの可否が決まってくることはすでに説明しました。とくに繊維から繊維へのリサイクルを増やすために、製品設計は非常に重要です。

このように、これからは**販売後のライフサイクルを考慮に入れた製品のデザイン・企画が重要**です。生産量が多いマス領域のプロダクトや消耗品においては、とくに重要な考え方となるでしょう。

パタゴニアのグローバルサプライチェーン部門責任者、トッド・ソラーと、コーポレート・ディベロップメント部門責任者のアシャ・アガルワルは、A・T・カーニーによるインタビューの中で、次のように述べています。

> サーキュラリティの旅に出ようと考えているブランドは、製品デザインからはじめてください。そこからはじめる理由は、サーキュラーを可能にすることが意図された製品デザインでない限り、サーキュラーな取り組みを実際に行うことはできないからです。そのためには主に、製品の耐久性と修理可能性を考慮する必要があります。
>
> どうすれば修理が可能で、適度な使用で少なくとも10年の耐用年数をもち、複数の所有者に渡すことができるのか。このような考慮に加えて、衣服の構造も重要です。なぜなら、あまりに複雑なデザインにすると、修理やリサイクルが非常に難しくなり、分解するのも手間がかかりすぎるからです。

勝ち残れる企業の
グリーントランスフォーメーションに必要なアプローチ

ここまで読んでくださったみなさんには、カーボンニュートラル、循環型・再生型モデル、５Ｒの必要性をご理解いただけたかと思います。

一方、実際にアパレル企業がこれらに取り組もうとすると、施策が散発的になり、全体として前に進まないことが多々あります。

多くの場合、その原因は、**施策全体がひとつの戦略となり連動したトランスフォーメーションになっていない**ことにあります。

では、グリーントランスフォーメーションを前に進めるには、どうすべきでしょうか。**グリーントランスフォーメーションを成功させるためには、3つのモジュールを同時並行で検討・実施していくことが必要**です。

モジュール① 事業ポートフォリオの再構築

ひとつめは、**事業ポートフォリオの再構築**です。

これまで事業ポートフォリオの見直しというと、利益率、成長性、ＲＯＩ（投資収益率）

など、いわゆる経済合理性を求める指標のみで行われることが一般的でした。グリーントランスフォーメーションには、これに加えて環境負荷に関する指標も必要です。

グリーントランスフォーメーションでは、**利益あたりのCO_2排出量**などの観点、軸を加えると、とたんに事業の評価が変わることがよくあります。

事業によっては、環境負荷が高く、そもそもカーボンニュートラルを目指すためには重荷である、持続的な事業にすることは難しいということもあります。

その場合、事業を個別に見直すよりも、環境負荷の観点で撤退縮小するほうが合理的な意思決定となることもあります。

グリーントランスフォーメーションを成功させるためには、**抜本的な撤退オプションをもって、シビアに事業の持続可能性を見定めること**が重要です。

モジュール②　ビジネスモデルおよびサプライチェーン改革の実行

２つめは、カーボンニュートラルを見据えたビジネスモデルおよびサプライチェーン改革の実行です。

カーボンニュートラルに向けては、多くの企業でＳｃｏｐｅ３の削減が必要です。

アパレル企業においては、**そもそもの生産量やアイテム構成の抜本的な見直しや、サプライチェーン全体の再構築**が必要となります。

いまのビジネスモデルやサプライチェーンの前提を変えずに、環境負荷の低い素材の活用や電力源の変更など、小手先の施策だけでCO_2を減らそうとしても結果は出ません。

ネットゼロを目指すのであれば、大量生産消費時代に築き上げたビジネスモデルおよびサプライチェーンの**抜本的な改革を実行すること**を前提に、ひとつめのモジュールである事業ポートフォリオの再構築とセットで物事を進めなくてはなりません。

モジュール③　循環型・再生型モデルをビジネスモデルに組み込む

3つめは、自社の循環型・再生型モデルを**ゼロベースで設計し、ビジネスモデルに組み込んでいく**ことです。

既存の製品に循環型・再生型のモデルを組み入れようとしても、なかなかうまくいきません。

なぜなら、既存製品のデザインや流通チャネルが、そもそも循環型・再生型になるようデザインされていないからです。

図表31は、弊社の考える循環型モデルの考え方です。**循環型モデルといっても、そこでとりうる戦略オプションには、カテゴリーと優先度**があります。

これらのどれが自社に当てはまるかを吟味したうえで、既存事業に対する打ち手や新しく取り組む循環型・再生型事業を峻別していくことが必要です。

これら**3つのモジュールを同時並行で連動して走らせつつ**、個別企業の強みやDNAに

図表31　循環型モデルの戦略フレームワーク

循環型モデルに向けては、廃棄物を最小限に抑え、製品価値を最大化するために戦略オプションを階層的に検討することが重要

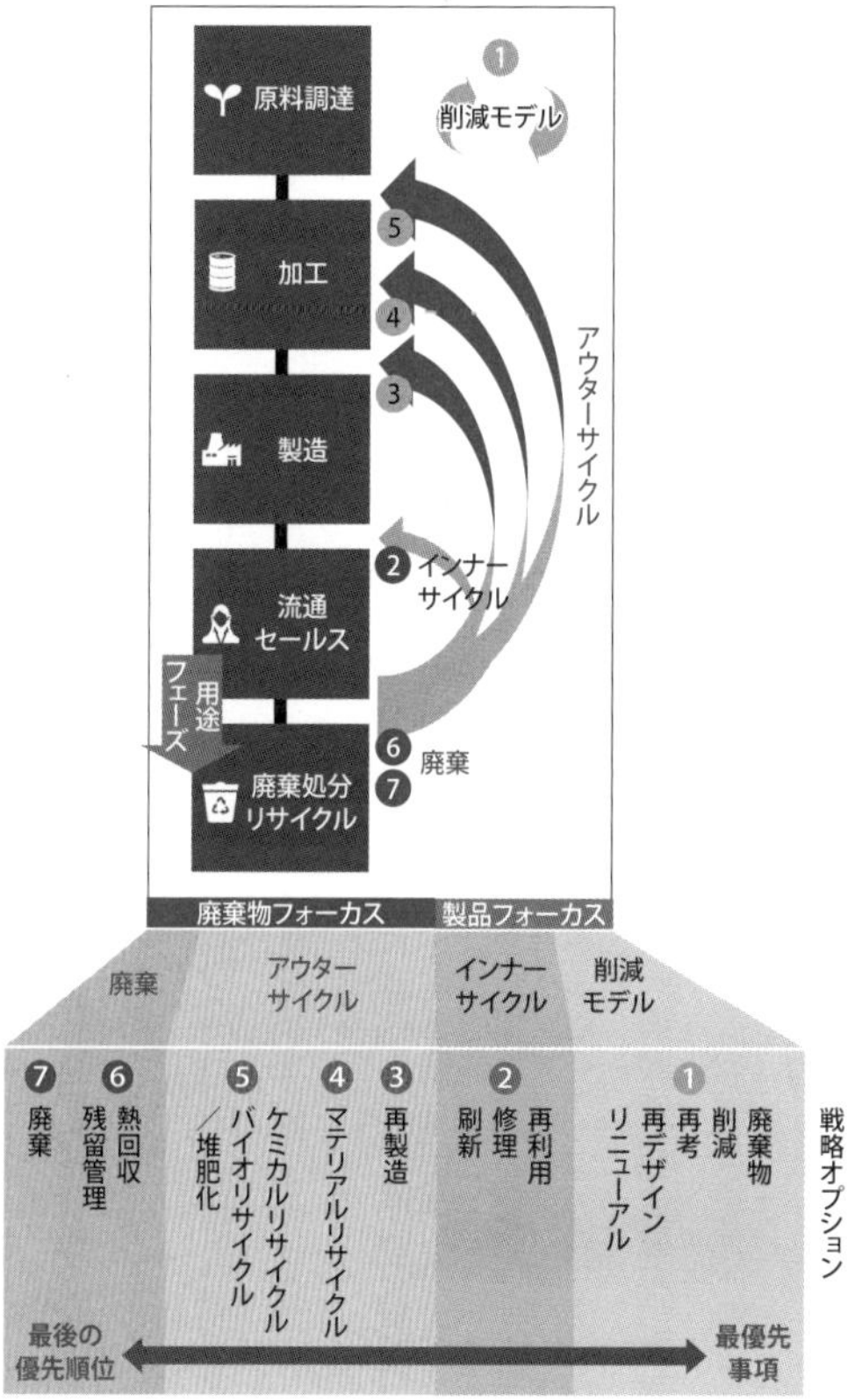

出所：A.T.カーニー

即したダイナミックなグリーントランスフォーメーションを計画・実行していくことが、勝ち残りに向けて、いま企業に求められている変化です。

地域社会が一体となった循環型・再生型モデル「ファブシティ」

繊維・アパレルにとどまらず、いま地球で求められていることは、現代人のライフスタイルそのものを、環境負荷の低い循環型や再生型に切り替えていくことです。

そのための実験的な試みのひとつが**「ファブシティ」**です。

ファブシティは、スペイン・バルセロナにあるカタルーニャ高等建築研究所（ＩＡＡＣ）が提唱した都市の未来像です。

ファブシティでは、**テクノロジーと分散化コミュニティを活用して、グローバルに拡大した生産拠点を再び地域の手に戻し、食・エネルギー・モノの製造拠点を消費地に近づけ、自給自足する都市**を目指します。

具体的には、３Ｄプリンタやレーザーカッターなどのデジタルファブリケーション技術を活用して、衣料品、家具、食料品などを製造します。

輸送によるCO^2の排出を減らすだけでなく、エネルギーを抑えたゼロエミッション型の製造方法を志向します。

これにより、都市は輸入に依存することなく自給自足できるようになり、循環型経済を実現するサステナブルな都市へと生まれ変わります。

2014年7月にスペイン・バルセロナで第10回世界ファブラボ会議（FAB10）が開催された際、主催したバルセロナ市とファブラボ・バルセロナ、前述のIAAC、アメリカのファブ・ファウンデーションなどが共同で「ファブシティ」を宣言、都市間協力の国際的なイニシアチブとして正式に発足しました。

現在バルセロナからニューヨーク、そして中国の深圳《しんせん》など、世界中で多くの都市がファブシティに取り組んでおり、日本からも鎌倉市が参画しています。

ファブシティには、大きく3つのステップがあります。

ステップ①　海外への生産委託から地域内製への転換を図る

↓

ステップ②　地域内での地産地消を進める

第3章でも記したとおり、循環型経済を構築するためには地産地消のサプライチェーンを構築することが重要です。

↓

ステップ③　循環型や再生型モデルを組み込んだ地産地消の経済圏を実現する

この段階では循環型経済を実現した都市として注目され、インバウンド観光を含めた地域全体の活性化や海外からの発注が期待できます。

ブルネロ クチネリをはじめとする イタリア型ローカルブランドの成功要因は？

ファブシティ・ムーブメントを掲げているわけではありませんが、結果としてファブシティが目指すような地産地消型の魅力的な地域共同体をつくり上げた事例として、**ブルネロ クチネリ**と**ソロメオ村**があります。

ブルネロ クチネリは、人間主義的経営を掲げ、本書で取り扱っているような社会課題を理想的に解決し、成功しているイタリアのブランドです。

創業は１９７８年で、カシミアのニット製品からビジネスをスタートしました。

順調に事業を伸ばし、２０１２年にミラノで上場。２０２２年の業績は売上約９億２０００万ユーロ（約１４３５億円）、営業利益率14・６％にまで成長しました。

時価総額をＥＢＩＴＤＡ（利払い前・税引き前・減価償却前の利益）で割った企業価値を示す指標のひとつ、ＥＢＩＴＤＡマルチプルでは約20倍（２０２３年7月末時点）と、ＬＶＭＨグループをしのぎ、**ラグジュアリーセグメントの中ではエルメスに次ぐ高い評価**

を得ています。

ブルネロ クチネリのコレクションは、過度なトレンドとは一線を画した、職人の手仕事がふんだんに施されたオーセンティックで芸術的な作品が特徴です。

ユーザー目線では何度でもお直しして着たくなるような、**捨てられることのないサステナブルな服**に仕上がっています。

ブルネロ クチネリは、妻の故郷であるソロメオ村を拠点としており、30年以上ソロメオ村の復興・修復にお金を投じています。

図書館や職人育成学校などのインフラ整備だけでなく、地産地消用のワイン、オリーブ、果物・野菜などの農業公園の整備にも力を入れています。

クチネリ氏の信念と努力の結果、ソロメオ村はイタリアの平均賃金よりも高い収入と、牧歌的で美しいライフスタイルを実現した地域共同体に発展。

まさに人間の尊厳と自然の調和を事業の目的に掲げる、ブルネロ クチネリの「人間のための資本主義」を具現化した場所として有名になりました。

２０１９年5月には**アマゾンの創業者ジェフ・ベゾスをはじめとするシリコンバレーの名だたる経営者や起業家16名が3日間ソロメオ村に集い、クチネリと対話**をしています。

時代を牽引するシリコンバレーの経営者から見ても、**地産地消型の美しく人間的なライフスタイルを実現しているソロメオ村は大変魅力的に映る**のです。

ソロメオ村は、まさにファブシティのステップ③に該当し、海外から注目され仕事や人が集まる街になりました。

地域一体型で世界に踏み出す

イタリアでは、ブルネロ クチネリをはじめとして、地域とともに発展・成長しているようなライフスタイルブランドがあります。

イタリア北部のレーザを拠点とするダウンで有名な**HERNO（ヘルノ）**や、創業以来レッジョ・エミリアに本社を構えつづけ、エレガントなコートが有名な**Max Mara（マックスマーラ）**などです。

これらはイタリアの地方から世界的なブランドに成長し、アパレルビジネスを中心に地産地消型の地域共同体とともに発展しています。

また、これらのブランドはいずれも**大手のラグジュアリーコングロマリットには属さず、独立経営を保っていること**も注目に値します。

このようにイタリアの事例は、地元を大切にして地産地消のまちづくりを行いつつ、外貨を稼げる産業としてアパレル事業を国際化し、地域経済が持続的に発展したケースとして大変示唆に富んでいます。

日本のブランドも、単独で世界に出ていくのは苦手ですが、**地域社会と一体となったアプローチ**をとれば、海外展開のハードルも下がるのではないでしょうか。

海外からの観光客が日本の地方にも足をのばすようになり、越境ＥＣも簡単になったいま、地域一体で面となることで、ローカルブランドが世界に出ていくチャンスは大きくなっているといえます。

繊維産地をライフスタイルブランド化して、世界に訴求する

日本の繊維産地は多様であり、**大きなポテンシャルを秘めている**と思います。

前作『２０３０年アパレルの未来』にてご説明したように、アパレルの輸出額を、原料、糸、生地、完成品に分けて構成比を比較すると、**世界から評価されている日本の生地・テキスタイルは生地輸出の割合が高く、実額ベースでも３０００億円以上輸出**されています。

これはフランスやイギリスよりも多い額です（ただし、**Made in Japanの完成品輸出が少ない**という課題も同時に抱えています）。

図表32は、日本の繊維産地における出荷額の上位産地を示したものです。

これを見ると、合成繊維から天然繊維まで、あらゆる繊維製品がつくられていることがわかります。また、地理的にも多様であり、日本全国に繊維産地は点在します。

これまで日本の繊維産業は構造的に縮小をつづけてきましたが、**今後は産地を取り巻く地域全体を巻き込んだファブシティ型のアプローチが再興のカギを握る**のではないかと思

図表32　日本の繊維産地における出荷額上位7産地

	産地名	産地を有する府県	出荷額（億円）	主な品目
1	北陸産地	石川県、富山県、福井県	3,650	合成繊維織物（ポリエステル、ナイロン等）、ニット
2	三河産地	愛知県	1,665	綿織物、スフ織物、合成繊維織物
3	三備産地	岡山県、広島県	1,594	デニム、ジーンズ、学生服、ユニフォーム
4	尾州産地	愛知県、岐阜県	1,273	毛織物、紳士服地、婦人服地
5	泉州産地	大阪府	1,100	綿製品、毛織物、毛布
6	遠州産地	静岡県	590	綿織物、合成繊維織物、ゆかた関連染色加工
7	今治産地	愛媛県	428	タオル

出所：経済産業省、経済センサス

います。

すなわち、繊維にとどまらず、衣・食・住全体で循環型・再生型の地域モデルを志向し、インバウンド観光含めて**地域全体をライフスタイルブランド化**していくことです。

たとえば、福岡県に**うなぎの寝床**という会社があります。

うなぎの寝床は、地域文化の継承と活性化を目的に2012年に創業されたスタートアップです。

事業目的は、「『もの』と『ひと』を介した本質的な地域文化の継承と収束。そのあり方を思考し、行動し続ける生態系をつくる」こと。

自らを**「地域文化商社」**と定義して、**伝統工芸品のプロデュース、販売やコ**

ンサルティングなどさまざまな活動をしています。

うなぎの寝床のプロデュースにより、綿織物の日本三大絣《かすり》のひとつである〝久留米絣《がすり》〟は世界から視察が来るほど再活性化し、福岡県広川町のように、町として地域活性化につながる事例も出てきています。

地域全体を**〝文化の総体〟**としてとらえ、**面でアピールしていく方法**は有効なのです。**すでに、海外旅行客は大都市から日本各地の地方に足を延ばしています。**

この海外旅行客に対して、衣・食・住トータルで循環型・再生型のモデルを提案できれば、イタリアの事例のようにインバウンドだけでなく、大きな海外需要獲得につながる可能性を秘めているといえるのではないでしょうか。

日本が「ファブシティ」に向いているのはなぜか

ファブシティ型のアプローチが、日本に適している理由は大きく3つあります。

理由①　「日本文化」と「循環型・再生型」は親和性がある

ひとつめは、**ファブシティが目指す循環型・再生型のモデルは、日本文化と非常に親和性がある**ということです。

「もったいない」という言葉に象徴されるように、日本古来の社会には循環型社会に通じる精神や文化が数多くありました。

糸をほどけば一枚の反物に戻る着物や、漆を使って補修する金継《きんつ》ぎなど、ものを無駄なく長く使うという、持続可能な社会に必要な風習・アイデアがたくさんあります。

外国人から見ても、このような文化をもつ日本のライフスタイルは興味深く、魅力的です。

これらとテクノロジーを掛け合わせ、新しい現代のファブシティとして具現化すれば、インバウンド観光や海外需要獲得など、地域経済圏の活性化につながるでしょう。

理由②　今後の日本を取り巻くマクロ環境と適合性が高い

２つめは、**インバウンドおよび輸出型のモデルを志向することは、今後の日本を取り巻くマクロ環境と適合性が高い**からです。

２０２２年から２０２３年にかけ、円安が大幅に進み、エネルギーや食料を中心に輸入に頼る日本の生活は苦しくなりました。

一方で、外国人観光客が増えてインバウンド需要が活況となり、輸出産業が潤うというメリットがあります。

実際、日本のデザイナーズブランドでも、**円安により海外向けの卸が伸びている、都内直営店でインバウンド売上が倍になったなどの話をよく聞きます。**

中長期的に見て、日本の相対的な国際競争力低下にともない、円安傾向は継続するでしょう。

そのような中で、インバウンドを起点として街のファンになってもらい、その後アパレルなどの製品輸出型モデルを志向することは、**大きな時代の流れに即した戦略**です。

なお、目指す製品輸出型モデルは、高度経済成長期の日本のような「コストパフォーマンス型」ではなく、**文化成熟国だからこそ可能な「高付加価値型」**であることが重要です。

理由③　日本にはものづくりやテクノロジーの土台がある

３つめは、**日本にはものづくりやテクノロジーの土台があり、地域に生産拠点を回帰するというファブシティの考え方と相性がいい**ことです。

ファブシティの概念のもととなったムーブメントとして、**「ファブラボ」**があります。

ファブラボは、デジタルからアナログまでの多様な工作機械を駆使して、ものづくりを民主化していこうという国際的なムーブメントです。

２００２年にアメリカのマサチューセッツ工科大学（ＭＩＴ）からはじまり、現在世界80カ国以上に広がりました。

日本からも鎌倉市やつくば市をはじめ多くの地方自治体が参加しており、取り組みとしての土台があります。

このようにファブラボのベースがあり、かつ伝統的にものづくりに強い日本は、ファブシティに向いているといえます。

繊維産地の活性化と課題解決を目指した学習機関「産地の学校」を運営する**糸編**代表の宮浦晋哉さんは、産地とファブシティを結びつける筆者のアイデアについて、次のようにコメントしています。

ここ数年、日本の産地に対する注目度は確実に上がっていると肌で感じています。大手のセレクトショップやアパレル企業が産地を訪れてコラボレーションする機会は増えましたし、海外のラグジュアリーメゾンから直接声がかかる機会もかなり増えました。

ただ、産地を盛り上げるような動きは、俯瞰的に見ると「点」の活動としては増えていますが、「面」にまでは至っていないとも感じています。

ファブシティのようなグローバルの概念を取り込むことで、衣食住全体をつなげて産地全体としてのブランド力、海外への発信力を上げていくという考え方は非常に面白いと思います。

「産地」と「企業」がコラボレーションした循環型モデル

産地や自治体と企業が連携して、循環型のモデルを構築する試みもはじまっています。

繊維企業の**クラボウ（倉敷紡績）**は、衣料品の製造工程で出る裁断くずを反毛《はんもう》わたに変え、紡績工程を経て糸にし、生地に再生するというマテリアルリサイクル*の循環型モデル、**L∞PLUS（ループラス）を開発し、産地や企業に広めています。**

反毛わたを活用したマテリアルリサイクルでは、リサイクルした製品の風合いにごわつきが出やすいため、自動車シートの材料など、産業用にリサイクルされることが一般的です。

一方、ループラスでは、色ごとに裁断片を分別し、着心地の悪さにつながる短い繊維を

＊繊維のリサイクルは、大きく分けてケミカルリサイクルとマテリアルリサイクルがある。ケミカルリサイクルは、廃棄物に化学的な処理をして原料に戻すリサイクル手法で、本書でも紹介したＪＥＰＬＡＮや帝人フロンティアが手がけるポリエステルの繊維to繊維のリサイクルが該当する。一方、マテリアルリサイクルは廃棄物を原材料として再利用するリサイクルで、最近ではフィッシングブランド「ダイワ（ＤＡＩＷＡ）」が使用済みの漁網を原材料としてアパレル製品にリサイクルするプロジェクトが話題になった。なお、日本で知名度のあるサーマルリサイクルは、焼却過程で大量のCO_2を出すため欧米ではリサイクルとは認められておらず、正しくは「熱回収」である。

取り除く技術を開発。独特の風合いや色の出方を実現したアパレル製品向けの生地にリサイクルする工程をつくることに成功しました。

ループラスが対応している素材は、綿、ポリエステル、アクリル、レーヨン、シルクと幅広く、またこれらの混紡素材の織物や編物でも対応可能です。

ケミカルリサイクルが単一素材に限られるのに対して、**混紡までカバーしている点と対応素材の幅の広さがループラスの特徴**です。

現在、ループラスでは、今治、奈良、兵庫などにある繊維産地と提携し、タオル、靴下、シャツ等の裁断くずや端材を回収し、リサイクル生地に蘇らせています。

また、企業ではエドウインと提携し、ループラスの拡大に努めています。

また、クラボウの工場がある愛知県安城市とコラボレーションし、市民からTシャツを回収し、地元のお祭りで使用するタオルにループラスでリサイクルするという取り組みも行われています。

日本の地方には、技術や職人という「宝」がある

このように、国内の大手アパレル・繊維企業にも、国内産地と提携や投資を行い、新たなビジネスモデルや循環型経済をつくっていくことに期待したいです。

これまで国内アパレルの産業構造は、川下のアパレルは生産を海外に頼り、川上・川中

の糸やテキスタイルは多くを海外に輸出するという、**いびつなたすきがけ構造**でした。

いまこそ、**川上から川下につないだ垂直統合型のモデルで高付加価値創出にチャレンジするタイミング**ではないでしょうか。

産地の個性を活かしたブランドづくりでもいいですし、本書で何度も取り上げている循環型・再生型モデルは、いまの時代に即した事業モデルです。

ＬＶＭＨメティエダールがクロキやＨＯＳＯＯ（細尾）と提携したように、国内アパレル・繊維企業においても、産地への投資が進むことを切に望みます。

ファッションクリエイティブディレクターの軍地彩弓さんは、本書に向け次のようにコメントしています。

> アパレル企業のみならず、日本は何を残して何を変えていくべきなのかもう一度考え直すことが必要だと思います。
>
> 地方には宝のような職人や技術がたくさんあるのに、うまく活用したり投資を行うような国内アパレル企業は限られます。むしろ、海外のラグジュアリーのほうが先に産地へアプローチしています。また、都心では後世に残すべき大事な文化遺産を再開発で台無しにしてしまうような案件があります。
>
> 私たちは文化に投資をするという視点を、もっともつべきではないでしょうか。

日本がもつ可能性を解き放つ、循環型・再生型のファブシティモデル

これまで日本のライフスタイル産業の海外需要獲得においては、アパレル、食、アニメ等のコンテンツと産業別に検討・施策を進めているものの、横串を通した連携はあまりできていませんでした。

一方、韓国では、K-POPを軸に、ファッション、ビューティー、コンテンツ産業が、カルチャーとして一体化し輸出できており、政策検討の際もその差が指摘されることが多々ありました。

日本で韓国のように横串が通らない最大の理由は、**アパレル、食、コンテンツが独立的で、ライフスタイルやカルチャーとして一体化していないこと**にあります。

また、**日本では各分野の内需が十分に大きい**ので、韓国のように横連携して海外需要をとりにいくようなモチベーションが生まれにくかったという側面もあります。

ここに、循環型・再生型のファブシティモデルを掛け合わせることで、ひとつのライフスタイルとして一貫性をもたせることはできないでしょうか。

そして、循環型・再生型のライフスタイルの中でも、ローカル経済圏と一体化する**「地**

方モデル」と、東京、大阪、名古屋などの**「大都市モデル」**の2つのモデルをプラットフォームとして用意し、**それぞれにのせる材料を変えて異なるライフスタイルを提案できれば、日本のもつ多様性が活かせて面白くなる**のではと思います。

「地方モデル」では、アパレル・テキスタイル、伝統工芸、ローカルフード、カルチャー、観光などと融合し、地方文化に根づいた、**自然と共生した循環型・再生型のファブシティ**を志向します。

一方、**「大都市モデル」**では、日本の強みであるコンテンツ産業を活かし、アニメ、メタバースファッション、エンターテインメント、ビューティー、アートなども組み合わせながら、より**テクノロジーやデジタルを感じられる循環型・再生型のファブシティ**を志向します。

以前、ZOZO NEXTは、未来のファッション／ライフスタイルを描いたショートムービーの中で、都市ガスのパイプラインのように各家庭に服をリサイクルする回収システムが備わっている未来を描きました。

大都市モデルでは、そのようなテクノロジーによるイノベーションを備えた循環型・再生型システムを具現化していくのです。

人口減少と低成長に悩む日本にとって、インバウンド需要の活性化や海外需要獲得は、経済を回していくための重要テーマです。

その際、両者に別々にアプローチするのではなく、**「いかに外国人を魅了する循環型社**

会のライフスタイルをつくるか」という共通の論点を設定し、双方に取り組めば、より本質的かつ効果的ではないでしょうか。

その昔、**江戸のライフスタイルは循環型社会の見本**だったといわれます。

観光で訪れた日本の都市で、外国人が循環型社会のロールモデルを感じることができれば、その構成要素となる衣・食・住は、きっと国際競争力をもてるはずです。

カーボンニュートラルや循環型社会の実現は、21世紀の人類にとって共通の社会課題です。

日本人のライフスタイルおよび日本のアパレル業界が、そのリードをとれることを夢見て、本章の結びとしたいと思います。

おわりに

私たちの「いまの選択」が、地球の未来を決める

> グッド・アンセスター、よき祖先への道は、私たちの前にある。その道を選ぶか否《いな》かは、私たちの選択次第だ。

２０２１年に、ローマン・クルツナリックが**著書『グッド・アンセスター　わたしたちは「よき祖先」になれるか』で気候変動問題に対する対処と長期思考の必要性**を世に投げかけてから、２年が経ちました。

その間、筆者の感覚では、地球温暖化はより深刻化しているように感じられます。

実際、本稿を執筆している２０２３年は、北米、欧州、アジアなど世界中で熱波や豪雨のニュースが飛び交っています。

カナダで起こった大規模な森林火災は、煙がアメリカにまで達し、ニューヨークは一時深刻な大気汚染に見舞われました。

アメリカの西部・南部では、ヒートドームと呼ばれる熱が同じ場所にとどまる現象が発生し死者が出ている一方、東部では豪雨による被害がバーモント州やニューヨーク州で出ています。

ハワイのマウイ島では、8月に大規模な山火事が発生し、町が炎に包まれ甚大な被害が出ています。

ヨーロッパの地中海沿岸では今年も山火事が襲い、アテネでは住宅地の近くにまで火が迫っています。

中国でも高気圧が発達し猛烈な暑さが襲っており、北京では連日40度を超える日々がつづきました。日本や韓国でも、記録的な豪雨の影響で、洪水による被害が各地で頻発しています。

また、人間だけでなく自然界では多くの生物が気候変動と人間の活動により危機にさらされており、百万種の生物が数十年以内に絶滅する可能性があると、多くの科学者により指摘されています。

このような中、世界気象機関（ＷＭＯ）のターラス事務局長は、**「地球温暖化により異常気象の頻度は増しており、残念ながら『新たな日常』が訪れつつある」**と警告しました。

一方で、この2年の間、グローバルの気候変動対策は、欧米主導のもと、その検討スピードを上げています。

欧州が掲げる新循環型経済アクションプランの実現に向け、さまざまな規制や対策が施行されています。繊維・アパレル業界向けにもさまざまな対策が講じられつつあることは、本書で説明しました。

そして、グローバルでは会計基準と同じく、企業活動に本格的なサステナビリティレポートの作成と監査が義務づけられようとしています。**株主資本主義からステークホルダー資本主義への移行**と、そのためのルールづくりが着々と進んでいるのです。

筆者の感覚では、これらの政策はこれまでとは比較にならないほどのスピード感と覚悟をもって検討・実行が進んでいるように感じます。

はたして、国際社会と私たち人間は、深刻さを増す気候変動問題を解決できるのでしょうか。

ポジティブな材料としては、**国際社会は規制と協調によって、すでに幅広い環境問題を解決してきた実績がある**ことです。

気候変動と近しい事例として、温室効果ガスのひとつであるフロンによるオゾン層の破壊があげられます。

1985年、南極上空のオゾンホールが拡大し、このままでは地上に降り注ぐ紫外線の量が増えすぎてしまうことを科学者が指摘。フロンの問題に取り組まなければ、皮膚がんや白内障の患者が大幅に増えるだけでなく、地球上のあらゆる生物が影響を受ける可能性があることを発表しました。

筆者自身、オゾン層の破壊による脅威について、小学生のころテレビのニュース番組で見て深刻に感じた記憶が残っています。

その後1987年9月、国際社会はオゾン層を破壊する物質の特定と、それらの生産・消費を規制するモントリオール議定書を採択しました。

その結果、直近30年間でフロンの利用は世界的に減少しています。

2023年1月には国連で、現在の取り組みが継続されれば（場所によってタイミングは異なるものの）、2066年ごろにはオゾン層は1980年の値（オゾンホール出現前の値）まで回復する見込みであることが報告されました。

CO_2をはじめとする温室効果ガスの削減は、**私たち現代人が享受している化石燃料をベースにした生活や資本主義社会そのものと深く結びついている**ので、フロンのようにすぐに解決することは難しいでしょう。

ですが、私たちは最大限の努力をして、この問題に取り組みつづける責任があります。

これらの活動の結果が本当に問われるのは、私たちの子ども世代、孫世代であり、何よりも地球上の多様な生物が気候変動の影響を受けるからです。

地政学の専門家で、国立シンガポール大学リークワンユー公共政策大学院兼任教授の田村耕太郎さんは、著書『**地政学が最強の教養である**』の中で、興味深い見解を示しています。

> 人類が争いをやめる時は、さらに大きな共通の敵が現れた時だろう。昔から、「宇宙人の襲来しか地球を一つにできない」と地政学や国際関係論の権威たちには、言われつづけてきた。
>
> （中略）
>
> では現実的に地球人類を結束させる共通の敵はあるのだろうか？　私はそれは「気候変動」だと思う。この本では主に「人類が紛争に至る背景」を取り扱っているが、気候変動を前にすれば人類の紛争など、時間軸でも破壊のインパクトでもかわいいものである。

時代の趨勢を映すアパレル業界で、サステナビリティが話題にならなくなったとき。

それが、私たちがカーボンニュートラルへの道筋をつけたときだと思います。

アパレル業界が先陣を切ってカーボンニュートラルに取り組み、やればできることを示すショーケースになることを祈念します。

最後になりますが、お世話になった方々に謝辞を述べたいと思います。

Ａ・Ｔ・カーニー東京オフィスの関灘茂代表および社員のみなさまには、日頃より大変お世話になり感謝しております。みなさまのホスピタリティと知的インサイトは本当に素晴らしく、カーニーの仲間になれたことを心よりうれしく思います。

お名前は出せませんが、私にアパレル業界や消費財・小売業界に日頃たずさわる機会をくださっているクライアント、官公庁、メディア、友人、関係者のみなさまに心よりお礼申し上げます。

前作につづき本書を担当してくださった東洋経済新報社の中里有吾さん、フリー編集者の山崎潤子さんに心より感謝申し上げます。お二人の親身なご協力のもと、最後まで仕上げることができました。

そして、どんなときでも、最高の笑顔で励ましてくれた妻の志穂子、娘のせいら、さくらに心より感謝したいと思います。

また、辛抱強く私を育ててくださった両親、妻のご両親とご家族、そしてご先祖様にも深く感謝の意を表したいと思います。

子ども、孫、それにつづく世代にとって、よき祖先となることを目指して。

2023年秋　東京にて

福田　稔

参考文献

安西洋之、中野香織共著『新・ラグジュアリー 文化が生み出す経済10の講義』クロスメディア・パブリッシング、２０２２年

カイフー・リー、チェン・チウファン共著、中原尚哉訳『ＡＩ ２０４１ 人工知能が変える20年後の未来』文藝春秋、２０２２年

環境省「令和2年度ファッションと環境に関する調査業務」―ファッションと環境」調査結果―、２０２１年

國光宏尚著『メタバースとＷｅｂ３』エムディエヌコーポレーション、２０２２年

経済産業省『繊維製品における資源循環システム検討会報告書』２０２３年

経済産業省『ファッションの未来に関する報告書』２０２２年

ケイト・ラワース著、黒輪篤嗣訳『ドーナツ経済学が世界を救う』河出書房新社、２０１８年

斎藤幸平著『人新世の「資本論」』集英社新書、２０２０年

ジェイソン・ヒッケル著、野中香方子訳『資本主義の次に来る世界』東洋経済新報社、２０２３年

田中浩也著『FabLife デジタルファブリケーションから生まれる「つくりかたの未来」』オライリー・ジャパン、２０１２年

ダニー・ドーリング著、遠藤真美訳、山口周解説『Slowdown 減速する素晴らしき世界』東洋経済新報社、２０２２年

ダニエル・ミラー著、貞包英之訳『消費は何を変えるのか　環境主義と政治主義を越えて』法政大学出版局、２０２２年

田村耕太郎著『地政学が最強の教養である　〝圧倒的教養〟が身につく、たった1つの学問』ＳＢクリエイティブ、２０２３年

デイビッド・クリスチャン著、水谷淳、鍛原多恵子訳『「未来」とは何か　1秒先から宇宙の終わりまでを見通すビッグ・クエスチョン』ＮｅｗｓＰｉｃｋｓパブリッシング、２０２２年

トマ・ピケティ著、山形浩生、守岡桜、森本正史訳『21世紀の資本』みすず書房、２０１４年

中野香織著『「イノベーター」で読むアパレル全史』日本実業出版社、２０２０年

中野剛志著『世界インフレと戦争　恒久戦時経済への道』幻冬舎新書、２０２２年

長沼伸一郎著『現代経済学の直観的方法』講談社、２０２０年

南斉規介著『産業連関表による環境負荷原単位データブック（３ＥＩＤ）』国立環境研究所、２０１９年、https://ondankataisaku.env.go.jp/coolchoice/about/action_required.html

ビル・ゲイツ著、山田文訳『地球の未来のため僕が決断したこと　気候大災害は防げる』早川書房、２０２１年

ブルネロ・クチネリ著、岩崎春夫訳『人間主義的経営』クロスメディア・パブリッシング、２０２１年

細尾真孝著『日本の美意識で世界初に挑む』ダイヤモンド社、２０２１年

ポール・ファッセル著、板坂元訳『階級（クラス）「平等社会」アメリカのタブー』光文社文庫、１９９７年

本間英俊著『「Ｐ２Ｃブランド」の教科書』きずな出版、２０２３年

マシュー・ボール著、井口耕二訳『ザ・メタバース 世界を創り変えしもの』飛鳥新社、２０２２年
マッシモ・メニキネッリ著、田中浩也監修、高崎拓哉訳『ファブラボのすべて イノベーションが生まれる場所』ビー・エヌ・エヌ新社、２０２０年
マルクス・ガブリエル著、清水一浩訳『なぜ世界は存在しないのか』講談社選書メチエ、２０１８年
マルクス・ガブリエル著、大野和基編集、髙田亜樹訳『つながり過ぎた世界の先に』ＰＨＰ新書、２０２１年
水野大二郎、Synflux編著、川崎和也、佐野虎太郎、平田英子著『サステナブル・ファッション ありうるかもしれない未来』学芸出版社、２０２２年
レベッカ・ヘンダーソン著、高遠裕子訳『資本主義の再構築 公正で持続可能な世界をどう実現するか』日本経済新聞出版、２０２０年
ローマン・クルツナリック著、松本紹圭訳『グッド・アンセスター わたしたちは「よき祖先」になれるか』あすなろ書房、２０２１年
山口周著『ビジネスの未来 エコノミーにヒューマニティを取り戻す』プレジデント社、２０２０年
ヨハン・ロックストローム、マティアス・クルム共著、武内和彦、石井菜穂子監修、谷淳也、森秀行ほか訳『小さな地球の大きな世界 プラネタリー・バウンダリーと持続可能な開発』丸善出版、２０１８年
The European Commission,“Transition pathway for the textiles ecosystem”, Publications Office of the European Union,2023

【著者紹介】

福田　稔（ふくだ　みのる）

KEARNEYシニアパートナー。

1978年東京生まれ。慶應義塾大学卒業、IESEビジネススクール経営学修士（MBA）、ノースウェスタン大学ケロッグビジネススクールMBA exchange program修了。

電通国際情報サービス、ローランド・ベルガーを経てA.T.カーニー入社。消費財・小売プラクティスのコアメンバー。主にアパレル・繊維、ラグジュアリー、化粧品、小売、飲料、ネットサービスなどのライフスタイル領域を中心に、戦略策定、ブランドマネジメント、グリーントランスフォーメーション、DXなどのコンサルティングを手掛ける。プライベートエクイティやスタートアップへの支援経験も豊富。

経済産業省の産業構造審議会 繊維産業小委員会委員、繊維製品における資源循環システム検討会委員、これからのファッションを考える研究会～ファッション未来研究会～副座長など、アパレル・繊維、ライフスタイル産業に関わる多くの政策支援にも従事する。

主要メディアへの寄稿、各種セミナーやイベントでの講演などの活動を通じ、ライフスタイル産業の革新に向けた多くの発信をしている。著書に『2030年アパレルの未来　日本企業が半分になる日』（東洋経済新報社）など。

2040年アパレルの未来

「成長なき世界」で創る、持続可能な循環型・再生型ビジネス

2023年12月19日発行

著　者――福田　稔
発行者――田北浩章
発行所――東洋経済新報社
〒103-8345　東京都中央区日本橋本石町 1-2-1
電話＝東洋経済コールセンター　03(6386)1040
https://toyokeizai.net/

装　丁…………秦　浩司
DTP…………アイランドコレクション
編集協力………山崎潤子
編集アシスト……冨永香織
校　正…………加藤義廣／佐藤真由美
印　刷…………ベクトル印刷
製　本…………ナショナル製本
編集担当………中里有吾
　ISBN 978-4-492-76266-0